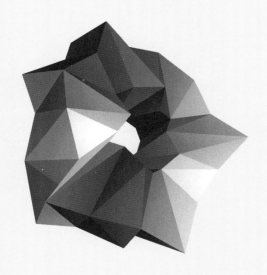

"十四五"职业教育国家规划教材

三维动画建模基础

BASIS FOR MODELING THREE-DIMENSIONAL ANIMATION

邓 飞 甘百强 张雪松 编 著

华中科技大学出版社
http://press.hust.edu.cn
中国·武汉

内 容 提 要

　　本书对 3ds Max 的安装及操作步骤进行了详细介绍，并使用 3ds Max 2015 版本对具体的建模过程进行讲解，理论与实践相结合，内容丰富且通俗易懂，适于初学者学习。全书包括 3ds Max 软件介绍、多边形建模、战斧模型制作、宝箱模型制作、古亭模型制作等内容，便于读者更好地学习建模思路和相关操作步骤。本书可作为数字媒体艺术与动画专业的教学用书，对设计人员、动画制作爱好者等也有参考价值。

图书在版编目（CIP）数据

三维动画建模基础 / 邓飞，甘百强，张雪松编著 .—武汉：华中科技大学出版社，2019.3（2025.2 重印）

ISBN 978-7-5680-4855-2

Ⅰ．①三…　Ⅱ．①邓…　②甘…　③张…　Ⅲ．①三维动画软件－高等学校－教材　Ⅳ．① TP391.414

中国版本图书馆CIP数据核字（2019）第040057号

三维动画建模基础
Sanwei Donghua Jianmo Jichu

邓　飞　甘百强　张雪松　编著

策划编辑：　金　　紫

责任编辑：　梁　　任

封面设计：　原色设计

责任校对：　阮　　敏

责任监印：　朱　　玢

出版发行：　华中科技大学出版社（中国·武汉）　　　电话：　（027）81321913
　　　　　　武汉市东湖新技术开发区华工科技园　　　　邮编：　430223

录　　排：　华中科技大学惠友文印中心

印　　刷：　武汉科源印刷设计有限公司

开　　本：　880mm×1194mm　1/16

印　　张：　10

字　　数：　218 千字

版　　次：　2025 年 2 月第 1 版第 11 次印刷

定　　价：　58.00 元

华中出版

前言
Preface

习近平总书记在二十大报告中提出，推进文化自信自强，铸就社会主义文化新辉煌，全面建设社会主义现代化国家，必须坚持中国特色社会主义文化发展道路，增强文化自信，围绕举旗帜、聚民心、育新人、兴文化、展形象建设社会主义文化强国。

中国文化的典型代表陶瓷文化，在对美的追求与塑造上，在许多方面都是通过陶瓷作品来体现，陶瓷所表现出的人文精神，所映着中国人民对美好生活和美好事物的艺术化的追求。本着对文化自信的感悟，第二章多边形建模中，加入了中国瓷器茶壶、花瓶模型制作为实例，在模型制作流程中，让学生了解陶瓷，掌握陶瓷结构，有利于学生学中做，做中学，感受中国传统文化之美，建立文化自信自强。

本章的第五章古亭模型制作，精选古亭为实例，古亭是中国古典建筑艺术中常见的建筑类型，它典型反映中国文化艺术成就的一种建筑类型。选用古亭模型制作为实例，从模型宏观设计到单体模型的装饰，让读者在学习中熏陶中国传统古建筑艺术，再次强化文化自信自强。

本书的作者在高校一线专业教学岗位和动画相关企业制作岗位有丰富的教学经验和实践经验。本书主要面向青少年初学者，并根据他们的实际情况编写方案，为响应新时代职教改革，贴紧教育部1+X证书制度试点工作的开展，第三章、第四章、第五章案例制作从课证融通、岗位规范和关键技术上进行解析。同时适用于1+X游戏美术设计初级和中级的考证需求。习近平总书记在二十大报告中提出青年强，则国家强。作为党员教师力争做青年朋友的知心人、青年工作的热心人、青年群众的引路人。

本书具有以下特点。

本书所有案例配有视频教学，读者只需要按照讲解进行操作，就可以制作出实例中的模型。

（2）本书实例经典、内容丰富。多边形建模部分主要是讲解建模的原理和布线的要点。战斧，宝箱、古亭等模型的制作主要是讲解游戏模型的制作流程，读者可以从制作过程中了解相关岗位制作标准。

（3）本书中的案例取材于实际应用并加以改编，读者在学习如何运用软件的同时，又能学习到公司的项目制作流程，为以后学习和工作打好基础。

本书由邓飞、甘百强、张雪松编著，李宣董、周林娟、张淏、阚海文参与编写。本书的编写虽然始终秉承严谨，求实的态度，但不足之处在所难免，敬请读者批评、指正，我们将诚恳地接受您的意见，并不断改进。

资源配套说明

Instructions of Supporting Resources

　　本教材是"十四五"职业教育国家规划教材，经全国职业教育教材审定委员会审定。为了配合本书的讲解，全书引入了带讲解的教学视频，便于教师授课和学生自学使用，本书会随时更新、增加相应的配套资源。

　　目前，身处信息化时代，教育事业的发展方向备受社会各方的关注。信息化时代，云平台、大数据、互联网＋等诸多技术与理念被借鉴于教育，协作式、探究式、社区式……各种教与学的模式不断出现，为教育注入新的活力，也为教育提供新的可能。

　　教育领域的专家学者在探索，国家也在为教育的变革指引方向。教育部在 2010 年发布的《国家中长期教育改革和发展规划纲要（2010—2020 年）》中提出要"加快教育信息化进程"；在 2012 年发布的《教育信息化十年发展规划（2011—2020 年）》中具体指明了推进教育信息化的方向；在 2016 年发布的《教育信息化"十三五"规划》中进一步强调了信息化教学的重要性和数字化资源建设的必要性，并提出了具体的措施和要求。2017 年十九大报告中也明确提出了要"加快教育现代化"。

　　教育源于传统，延于革新。发展的新方向已经明确，发展的新技术已经成熟并在不断完备，发展的智库已经建立，发展的行动也必然需践行。

　　作为教育事业的重要参与者，我们特邀专业教师和相关专家共同探索契合新教学模式的立体化教材，对传统教材内容进行更新，并配套数字化拓展资源，以期帮助建构符合时代需求的智慧课堂。

　　本套教材正在逐步配备如下数字教学资源，并根据教学需求不断完善。

　　·教学视频：软件操作演示、课程重难点讲解等。

　　·教学课件：基于教材并含丰富拓展内容的PPT课件。图书素材：模型实例、图纸文件、效果图文件等。

　　·参考答案：详细解析课后习题。

　　·拓展题库：含多种题型。

　　·拓展案例：含丰富拓展实例与多角度讲解。

数字资源使用方式：

扫描书中相应页码二维码直接观看教学视频。

目录
Contents

第一章
3ds Max 软件介绍

第一节 3ds Max 2015 的初步认识

3ds Max 2015 是一款非常强大的三维软件，以其强大的建模、材质、灯光、渲染、动画、特效等功能著称，是世界范围内使用非常广泛的三维软件。

3ds Max 2015 包括两个版本，分别是 3ds Max 2015 和 3ds Max Design 2015，两个版本区别不大，主要功能基本相同，只是前者用于娱乐传媒，后者用于建筑和工业设计。本书的案例制作和编写使用的是 3ds Max 2015 版本。3ds Max 2015 的应用范围非常广泛，主要包括建筑装潢设计、影视包装、影视广告、影视特效、工业造型设计、游戏开发等。

1. 建筑装潢设计

建筑装潢设计包括室内建筑效果图、室外建筑动画等。建筑装潢设计前期与 CAD 制图紧密相关；后期与平面设计、后期合成、多媒体编程、网页编程等技术相接。目前建筑装潢设计使用最多的是 3ds Max 软件。该软件的特点是前期有 Autodesk 公司的 AutoCAD 制图软件；后期有 Discreet 公司的 Toxik 等合成软件，连贯性比较好。3ds Max 在建模方面更倾向于数据化，比较精确，而且 3ds Max 自身的扫描线渲染器的速度非常快，满足高效的工作要求。使用 3ds Max 制作的室内外效果图如图 1-1 所示。

(a)　　　　　　　　　　(b)　　　　　　　　　　(c)

图 1-1　使用 3ds Max 制作的室内外效果图

2. 影视包装

影视包装包括电视台整体包装、电视片头动画、影视节目宣传和预告等。随着电视台的增多，影视包装变得越来越重要，相应的工作也变得越来越多。这种工作其实是以后期合成软件为主，三维软件只是作为其生产三维动画元素的一个部分。影视包装主要使用醒目的立体标志、文字、光、火、粒子等元素，制作出富有创意和表现力的艺术效果，如图1-2所示。大部分三维软件能制作出这样的效果，如3ds Max、Softimage、Maya等。

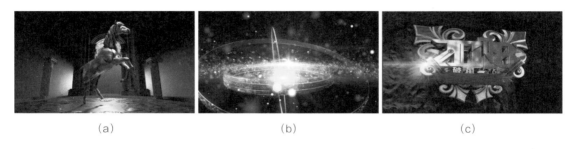

| (a) | (b) | (c) |

图1-2 富有创意和表现力的艺术效果

3. 影视广告

影视广告在制作和创意上的难度都比影视包装大，不仅要求质感亮丽，还需要复杂的建模、角色动画等，对三维软件技术的要求比前两个领域都要高，如图1-3所示。因为很多大型广告片会涉及实景和三维动画的合成，所以这些大型广告片在制作时常常需要多人合作，需要前期和后期制作

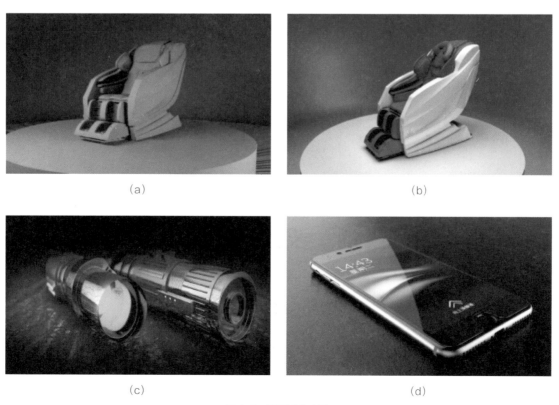

图1-3 影视广告制作

人员共同完成。在软件使用上，3ds Max 的早期版本在角色动画和渲染质感上比较吃力，不过现在这两方面已经完善，足以制作出优秀的动画产品。

4. 影视特效

影视特效制作领域如今越来越多地开始使用三维动画和合成特技，像特效大片《日本沉没》就使用了大量的三维动画镜头。对于电影工业，三维动画的一个特点是可以营造出现实中没有的东西和景观，另一个特点是能降低制作成本（例如用三维动画制作的建筑物去完成爆炸场面可以大幅降低成本）。3ds Max 正在向电影工业进军，过去很多不可能的事情正在变成可能，很多电影中的特效镜头就是由 3ds Max 配合后期软件来完成的（图 1-4、图 1-5）。

(a)　　　　　　　　　(b)　　　　　　　　　(c)

图 1-4　3ds Max 在电影《刀锋战士Ⅲ》中的应用

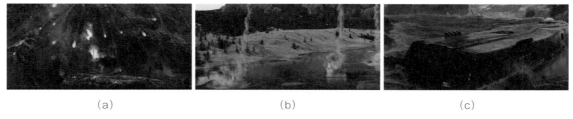

(a)　　　　　　　　　(b)　　　　　　　　　(c)

图 1-5　3ds Max 在电影《2012》中的应用

电影工业需要多方面的人才（如精细建模、手绘背景和贴图、高级仿真角色动画、特殊效果、大型群集场景、高精度渲染、场景合成匹配等），而且分工很细。

电视剧也已经成为三维动画应用的一个重要市场，因为电视剧增长速度很快，很多都需要加入特效，来制造更刺激的场面效果，例如烟雾、雨雪、爆炸等。尤其是动作片，需要辅以三维动画的光效、气效等，如图 1-6 所示。这些工作要求三维动画和后期合成软件紧密结合使用，往往工作量很大，需要的特殊效果多。其中，部分难度较高的场景，需要再现一些建筑景观或者加入三维角色。

5. 工业造型设计

工业造型设计需要使用大量的流线曲面，而且要求表面合理（即可以生产出来），一般采用 NURBS 曲面进行建模（图 1-7）。有些三维软件提供了 NURBS 建模系统，例如 3ds Max 、Maya。但因为 3ds Max 主要的应用方向并非工业造型设计，所以它在这方面的功能不是很完善。如果需要在这个行业长足发展，建议使用一些专门的 NURBS 建模软件，例如 Rhinoceros、SolidThinking。

图 1-6 三维动画的光效、气效等

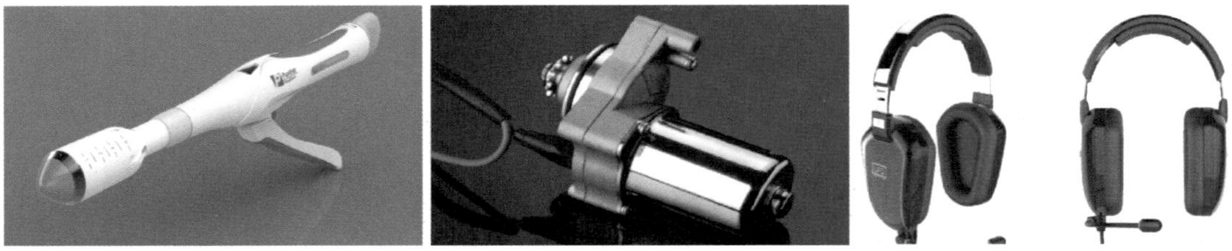

(a)　　　　　　　(b)　　　　　　　(c)

图 1-7 工业造型设计效果

(a)　　　　　　　(b)　　　　　　　(c)

6. 游戏开发

3ds Max 在全球应用最广的领域就是游戏开发。随着网络游戏的流行，进入这个行业需要掌握多边形建模技术、手绘贴图、特效制作、程序开发等。而且图形引擎程序的开发是游戏的关键技术，需要和三维软件紧密结合，如图 1-8 所示。

(a)　　　　　　　(b)　　　　　　　(c)

图 1-8 各种题材的游戏画面

第二节　3ds Max 2015 的安装方法

3ds Max 2015 的安装方法如下。此安装方法以 3ds Max 2015 64 位中英文版的安装过程为例。

（1）解压文件，双击打开 3ds Max 2015 安装程序，会弹出解压路径，这里尽量选择空间较大的磁盘，然后开始解压。

（2）找到 3ds Max 2015 的安装文件，双击 Set up.exe，弹出【安装初始化】对话框，然后在弹出的对话框中单击【安装】按钮，如图 1-9 所示。

（3）【国家或地区】选择【China】，选择【我接受】按钮，再点【下一步】按钮，如图 1-10 所示。

（4）【许可类型】选择【单机】，【产品信息】选择【我有我的产品信息】，然后输入【序列号】和【产品密钥】，如图 1-11 所示，输入完成之后单击【下一步】按钮。

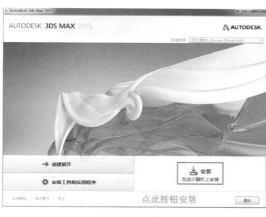

图 1-9　单击【安装】按钮

图 1-10　选择【我接受】按钮

（5）指定安装路径，如图 1-12 所示。一般类似 3ds Max 2015 这样比较大的软件不建议安装到系统盘，此处选择 D 盘安装。选择好安装路径之后点击【安装】按钮。

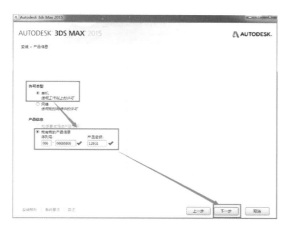

图 1-11　输入【序列号】和【产品密钥】

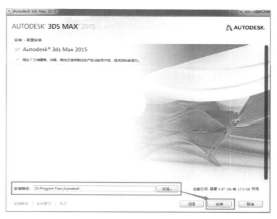

图 1-12　指定安装路径

（6）单击【安装】按钮后弹出如图 1-13 所示的安装进度窗口。安装大概需要几分钟时间，请耐心等待。

（7）安装完成之后会弹出一个如图 1-14 所示的对话框，单击【完成】按钮即可。

图 1-13　安装进度窗口

图 1-14　安装完成

第三节　3ds Max 2015 的工作界面

3ds Max 2015 的工作界面与之前的版本相比几乎没有变化，因此对于老用户来说操作是比较方便的。双击 3ds Max 2015 图标，可以看到正在启动的界面，如图 1-15 所示。等待一段时间后，即可看到 3ds Max 2015 的工作界面，如图 1-16 所示。

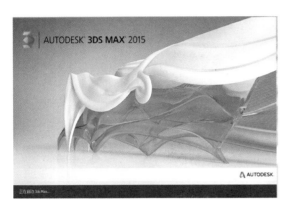

图 1-15　正在启动的界面

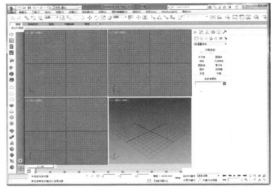

图 1-16　工作界面

3ds Max 2015 在安装后，桌面自动生成的是英文版的。要找到中文版的也非常简单，只需要单击【开始】→【所有程序】→【Autodesk】→【Autodesk 3ds Max 2015】→【3ds Max 2015-Simplified Chinese】即可，如图 1-17 所示。

3ds Max 2015 的工作界面，如图 1-18 所示。

图 1-17　中文版 3ds Max 2015 设置方法

①快速访问工具栏：快速访问工具栏提供文件处理功能和【撤销】/【重做】命令，以及一个下拉列表用于切换不同的工作界面。

②主工具栏：主工具栏提供 3ds Max 2015 中许多常用命令。

③功能区：功能区包含一组工具，可用于建模、绘制对象及填充。

④视口布局：这是一格特殊的选项卡栏，可用于不同视口配置之间的快速切换，可使用软件提供的默认布局，也可以创建自定义布局。

⑤状态栏：状态栏包含有关场景和活动命令的提示和状态信息。提示信息右侧的坐标显示字段可用于手动输入变换值。

⑥视口标签菜单：单击视口标签可打开用于更改各个视口显示内容的菜单，其中包括观察点（POV）和明暗样式。

⑦时间滑块：时间滑块允许用户沿时间轴导航，并跳转到场景中的任意动画帧。可以通过右键单击时间滑块，然后从【创建关键点】对话框中选择所需的关键点，快速设置关键点位置、旋转关键点或缩放关键点。

⑧视口：使用视口可从多个角度构想场景，并预览照明、阴影、景深和其他效果。

⑨命令面板：通过命令面板的 6 个面板，可以访问具有创建和修改几何体、添加灯光、控制动画等功能的工具。尤其是【修改】面板上包含大量工具，可增加几何体的复杂性。

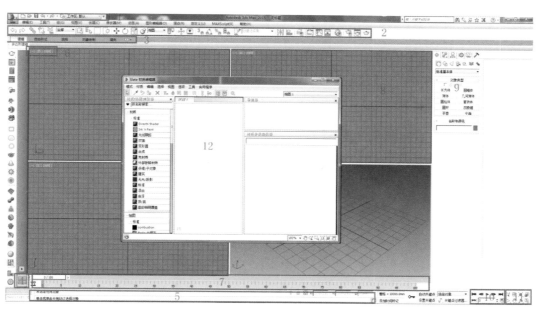

图 1-18　3ds Max 2015 的工作界面

⑩动画播放：动画控件位于状态栏和视口导航之间，时间控件用于在视口中进行动画播放。这些控件可随时间影响动画播放。

⑪视口导航：这些按钮可以在活动视口中导航场景。

⑫ Slate 材质编辑器：可使用【M】键打开【Slate 材质编辑器】。它提供了创建和编辑材质与贴图的功能。将材质指定给对象，并使用不同的贴图在场景中创建更逼真的效果。

下面重点对标题栏、菜单栏、主工具栏、命令面板和视口进行讲解。

1. 标题栏

标题栏主要包括 6 部分，分别是【应用程序按钮】【快速访问工具栏】【工作区】【版本信息】【文件名称】和【信息中心】，如图 1-19 所示。

图 1-19　标题栏

2. 菜单栏

菜单栏位于工作界面的顶端，其中包含 12 个菜单，分别为【编辑】【工具】【组】【视图】【创建】【修改器】【动画】【图形编辑器】【渲染】【自定义】【MAXScript】和【帮助】，如图 1-20 所示。

图 1-20　菜单栏

3. 主工具栏

主工具栏由很多个按钮组成，每个按钮都有相应的功能，比如可以通过单击【选择并移动】按钮，对物体进行移动。当然，主工具栏中的大部分按钮都可以在其他位置找到。熟练掌握主工具栏，会使 3ds Max 2015 的操作更顺手、更快捷。3ds Max 2015 的主工具栏如图 1-21 所示。

图 1-21 主工具栏

4. 命令面板

命令面板是 3ds Max 2015 最基本的面板，创建长方体、修改参数等都需要使用到该面板。命令面板由 6 个子面板组成，分别是【创建】面板 ❄、【修改】面板 ❷、【层次】面板 品、【运动】面板 ◎、【显示】面板 ⬜、【工具】面板 ↗，如图 1-22 所示。

5. 视口

3ds Max 2015 默认状态包括四个视图，分别是顶视图、前视图、左视图、透视视图，如图 1-23（a）所示。视图中左上方有 [+] 符号，单击鼠标右键会出现菜单，如图 1-23（b）所示。视图左上方 [顶] 符号处，单击鼠标右键会出现菜单，包括切换视图等参数，如图 1-23（c）所示。视图左上方 [线框] 符号处，单击鼠标右键会出现菜单，如图 1-23（d）所示。

图 1-22 命令面板

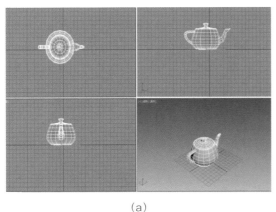

(a)

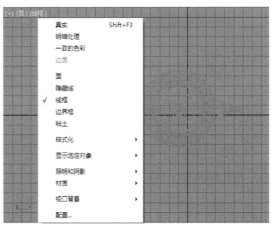

(b)

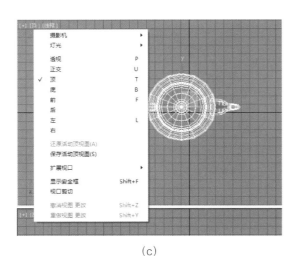

(c)

(d)

图 1-23 视口

在创建完模型后，会看到视图中的模型有阴影效果。可以将显示的阴影取消，这样更方便进行建模，如图 1-24 所示。

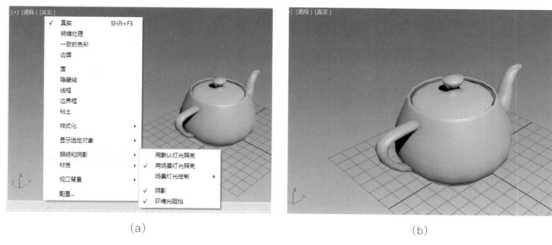

(a)   (b)

图 1-24　将模型中的阴影取消

第四节　3ds Max 2015 的建模实例

一、书柜的制作

利用 3ds Max 2015 制作书柜的过程如下。

（1）启动 3ds Max 2015，单击【创建】▧ →【几何体】◎ →【长方体】 长方体 按钮，在【顶视图】创建一个长方体作为书柜的竖板，长度为 150 mm，宽度为 48 mm，高度分段为 1，参数及尺寸如图 1-25 所示。

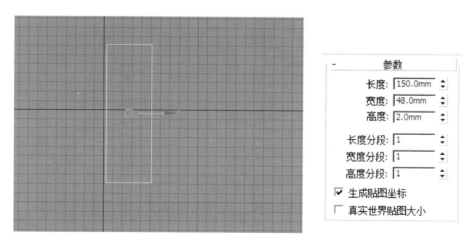

图 1-25　创建一个长方体作为书柜的竖板

（2）在【顶视图】再创建一个长方体作为书柜的隔板，长度为 48 mm，宽度为 110 mm，高度分段为 1。选择工具栏中的【选择并移动】✥ 工具，在状态栏中将【X】、【Y】、【Z】改为 0，使之移至视图中心位置，效果如图 1-26 所示。

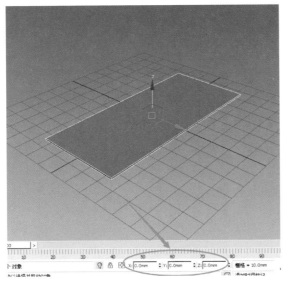

图 1-26 创建一个长方体作为书柜的隔板

（3）选中书柜的竖板，选择工具栏上面的【选择并旋转】
⟳ 工具，右击该图标，弹出【旋转变换输入】对话框，将【X】、
【Z】参数分别改为 90 和 -90，如图 1-27 所示，再选择【选择
并移动】⊕ 工具，把竖板移动到横板的位置，如图 1-28 所示。
按住【Shift】键移动竖板，弹出【克隆选项】对话框，选择【实
例】，副本数设为【1】以复制出另外一个竖板，然后调整到合适的位置，效果如图 1-29 所示。

图 1-27 【旋转交换输入】对话框

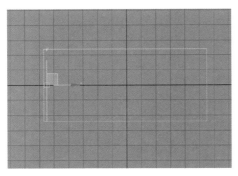
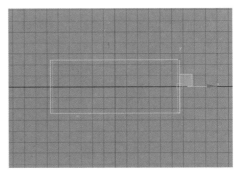

图 1-28 把竖板移动到横板的位置   图 1-29 复制出另外一个竖板

（4）在【前视图】选中横板，用同样的方法按住【Shift】键移动横板，弹出【克隆选项】对话框，
选择【实例】，副本数设为【3】以复制出另外三个横板，均匀布置这四块横板，效果如图 1-30 所示。

（5）创建柜门。选择【几何体】◎ →【长方体】 长方体 ，创建一个长度为 58 mm、宽度为
53 mm、高度为 37 mm 的柜门，用工具栏中的【选择并移动】 ⊕ 和【选择并旋转】 ⟳ 工具调整
柜门的方向和位置。选中柜门，按住【Shift】键移动柜门，复制出另一个柜门，效果如图 1-31 所示。

（6）创建挡板。选择【几何体】◎ →【平面】 平面 ，创建一个长度为 150 mm、宽度为
109.263 mm 的平面作为挡板，用【选择并移动】⊕ 工具调整挡板的位置，效果如图 1-32 所示。

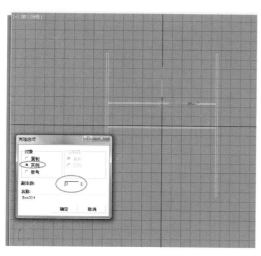
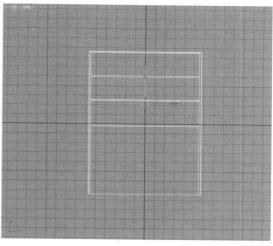

图 1-30　复制出另外三个横板

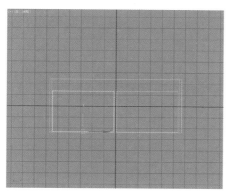

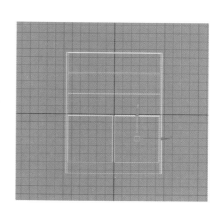

图 1-31　创建柜门

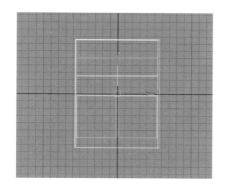

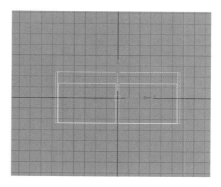

图 1-32　创建挡板

（7）创建把手。

①选择【几何体】 ⚪ →【圆柱体】 圆柱体 ，在【前视图】中柜门的位置创建一个半径为 1 mm、高度为 15 mm、高度分段为 1、端面分段为 1、边数为 8 的圆柱体，效果如图 1-33 所示。

②同样的方法，创建一个半径为 0.5 mm、高度为 2 mm、高度分段为 1、端面分段为 1、边数为 8 的圆柱体。用【旋转】工具将圆柱体旋转 90°，再按住【Shift】键移动圆柱体，复制出另外一个圆柱体，调整效果如图 1-34 所示。

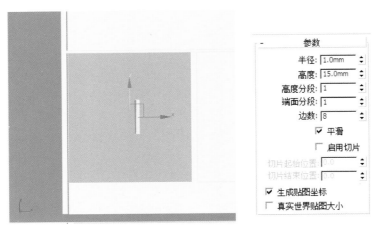

图 1-33　创建把手（一）

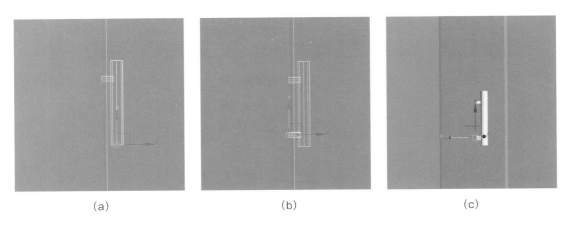

(a)　　　　　　　(b)　　　　　　　(c)

图 1-34　创建把手（二）

③按住【Ctrl】键分别点选三个圆柱体，这样即可同时选中这三个圆柱体。按住【Shift】键移动复制出另外一个把手，调整位置，效果如图 1-35 所示。

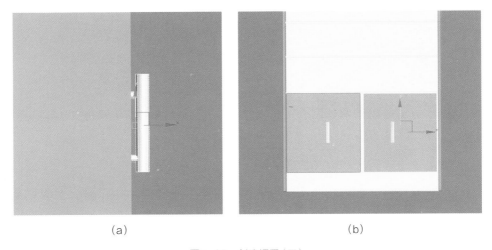

(a)　　　　　　　　　　(b)

图 1-35　创建把手（三）

（8）最后的调整。对柜子的形态进行细致调整，最终效果图如图 1-36 所示。

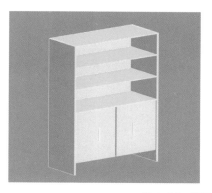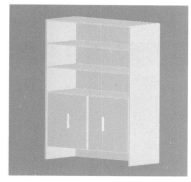

图 1-36　柜子的最终效果

二、椅子的制作

利用 3ds Max 2015 制作椅子的过程如下。

（1）启动 3ds Max 2015，单击【创建】⚙️ →【几何体】◎ →【长方体】 长方体 按钮，在【顶视图】创建一个长方体，长度为 900 mm，宽度为 1200 mm，高度为 85 mm，将其作为椅子的坐面，选择工具栏中的【选择并移动】✥ 工具，在状态栏中将【X】、【Y】、【Z】改为 0，效果如图 1-37 所示。

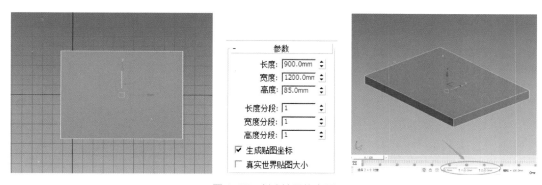

图 1-37　创建椅子的坐面

（2）使用同样的方法单击【创建】⚙️ →【几何体】◎ →【长方体】 长方体 按钮，在【顶视图】创建一个长方体，长度为 110 mm，宽度为 110 mm，高度为 1500 mm，将其作为椅脚。选中工具栏中的【选择并移动】✥ 工具，将该椅脚移动到椅面的一角上，效果如图 1-38 所示。

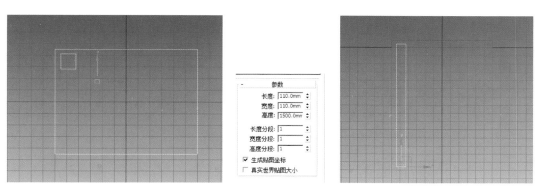

图 1-38　创建椅脚

（3）进入【顶视图】，按住【Shift】键并移动复制出另外三个椅脚，如图 1-39 所示。

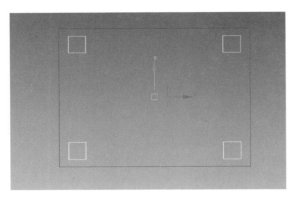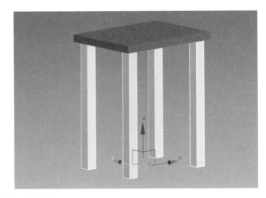

图 1-39　复制出另外三个椅脚

（4）回到【顶视图】，创建一个长度为 100 mm、宽度为 888 mm、高度为 35 mm 的长方体，作为椅脚间的固定板，移动调整到合适的位置，效果如图 1-40 所示。

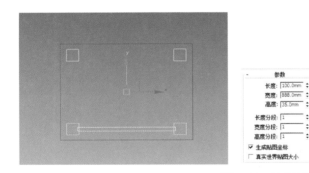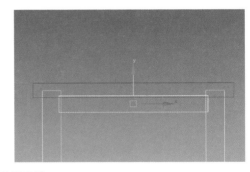

图 1-40　创建椅脚间的固定板

（5）复制一个固定板，选中长方体，在【层次】▯ 命令中，选择【轴】 轴 →【仅影响轴】 仅影响轴 ，让其变成蓝色状态。再到状态栏中将【X】、【Y】改为 0，这样固定板的坐标中心就变成视图中心了，效果如图 1-41 所示。

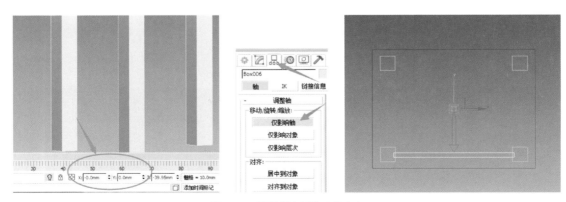

图 1-41　调整固定板的坐标中心

（6）调好坐标后再单击【仅影响轴】 仅影响轴 ，使其变成灰色状态，这样就能移动物体了。在工具栏中选中【镜像】 ▯▯ 会跳出【镜像：屏幕 坐标】对话框，【镜像轴】为【Y】，【克隆当前选择】为【实例】，再创建一个长方体作为底部的固定板，长度为 100 mm，高度为 888 mm，宽度为 100 mm，然后用【选择并移动】 ✛ 工具移动到图 1-42 所示位置。

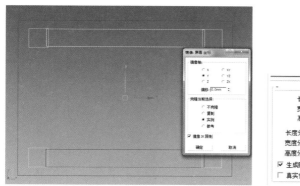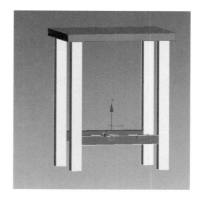

图 1-42　创建底部的固定板

（7）参考底部固定板的创建方法，创建出中部的固定板，效果如图 1-43 所示。

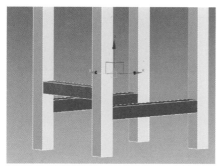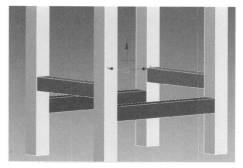

图 1-43　创建出中部的固定板

（8）创建椅子的脚垫。创建一个长方体，长度为 130 mm，宽度为 130 mm，高度为 105 mm，效果如图 1-44 所示。

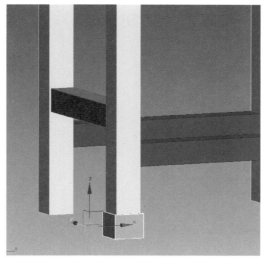

图 1-44　创建椅子的脚垫

（9）选中脚垫，在工具栏中选择【对齐】 ⚏ 工具，会出来一个图标 ⚏，点击其中一个椅脚，弹出【对齐当前选择】对话框，【对齐位置】选择【Y位置】，【当前对象】和【目标对象】都为【中心】，然后单击【确定】，这样就对齐到椅脚上面了，效果如图 1-45 所示。

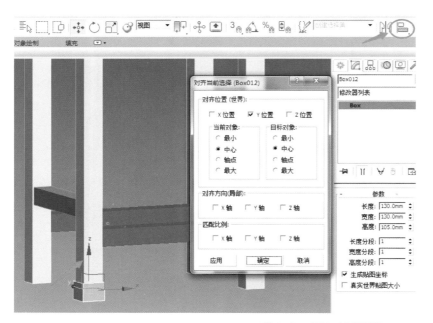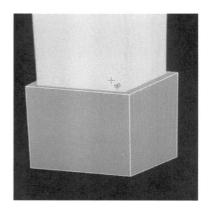

图 1-45　脚垫对齐到椅脚

（10）选中脚垫，在【层次】 ⚏ 命令中，选择【轴】 轴 →【仅影响轴】 仅影响轴 ，让其变成蓝色状态，再到状态栏中将【Y】改为0，这样固定板的坐标中心就变成视图中心了。调好坐标后再单击【仅影响轴】 仅影响轴 ，使其变成灰色状态，这样就能移动物体了。在工具栏中选中【镜像】 ⚏ 会跳出【镜像：屏幕 坐标】对话框，【镜像轴】为【Y】，【克隆当前选择】为【实例】，效果如图 1-46 所示。

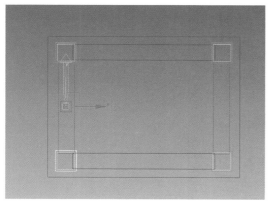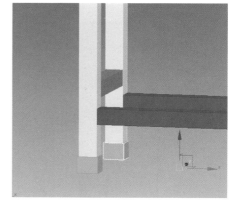

图 1-46　调整固定板位置

（11）使用同样的方法制作出四个脚垫，最后对椅子进行细致的调整。椅子的最终效果如图 1-47 所示。

图 1-47　椅子的最终效果图

三、石膏体制作

扫码看石膏体建模实例　　　扫码下载石膏体制作源文件

利用 3ds Max 2015 制作石膏几何体的过程如下。

（1）启动 3ds Max 2015，设置尺寸，在菜单栏中，单击【自定义】→【单位设置】→【系统单位设置】设置单位为厘米，显示单位比例为厘米，效果如图 1-48 所示。

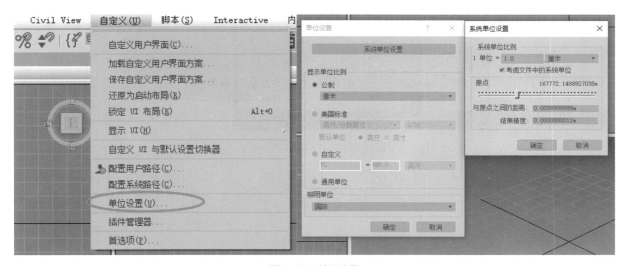

图 1-48　单位设置

（2）在命令面板中，单击【创建】━→【几何体】●→【圆锥体】按钮，在【顶视图】创建一个圆锥体，半径1为24 cm，高度为60 cm。在菜单栏中，单击【选择并移动】工具，在状态栏中将【X】，【Y】，【Z】轴都设置为0，圆锥体将在视图的中心位置，如图1-49所示。

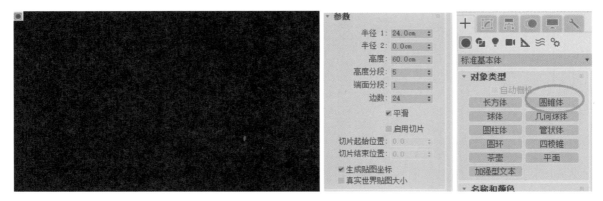

图1-49　创建圆锥体

（3）单击【创建】━→【几何体】●→【圆柱体】按钮，在【前视图】创建一个圆柱体，半径为7.5 cm，高度为55 cm。在菜单栏中，单击【选择并移动】工具，在状态栏中将【X】，【Y】轴设置为0，【Z】轴设置为37，效果如图1-50所示。

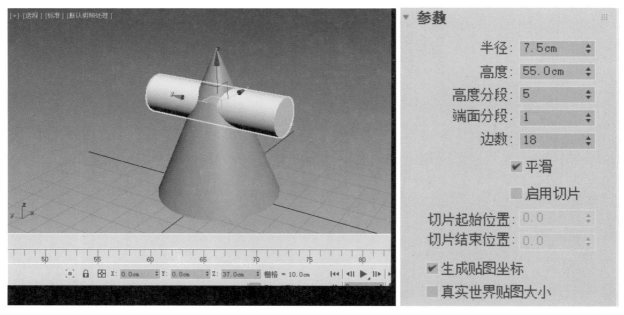

图1-50　创建圆柱体

（4）修改圆柱轴心。在命令面板中，单击【层次】━→【轴】→【调整轴】→【仅影响对象】→【居中到轴】按钮，设置完成后再次单击【仅影响对象】，效果如图1-51所示。

（5）最终效果图如图1-52所示。

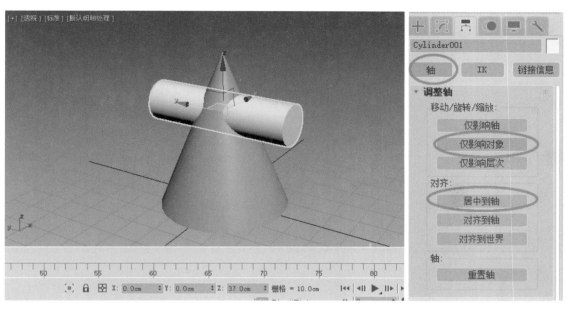

图 1-51　修改圆柱轴心

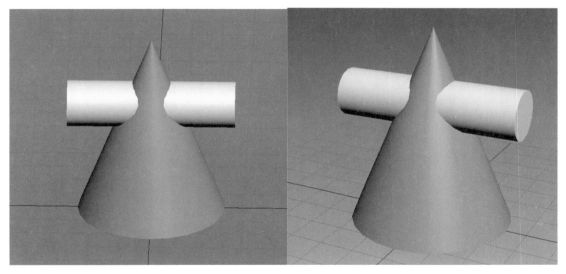

图 1-52　圆锥体的最终效果

四、电风扇制作

扫码看电风扇建模实例　　扫码下载电风扇建模源文件

（1）启动 3ds Max 2015，设置尺寸，在菜单栏中，单击【自定义】→【单位设置】→【系统单位设置】设置单位为厘米，显示系统单位比例为厘米，效果如图 1-53 所示。

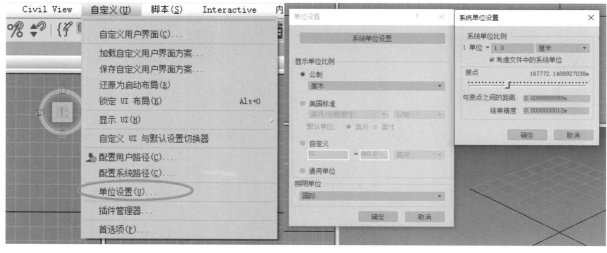

图 1-53　单位设置

（2）创建扇叶。在命令面板中，单击【创建】╋→【几何体】●→【扩展基本体】按钮，在【顶视图】创建一个【切角长方体】，进行参数设置，长度为 45 cm，宽度为 250 cm，高度为 1.5 cm，圆角为 0.4 cm，效果如图 1-54 所示。

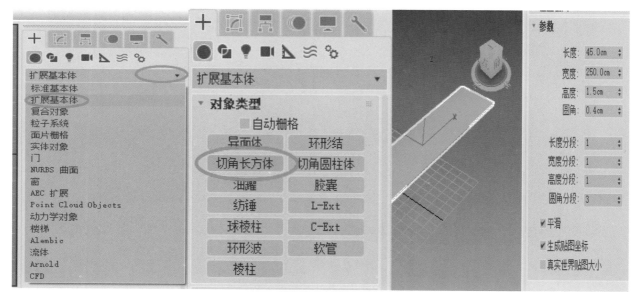

图 1-54　创建圆锥体

（3）创建风扇定子。单击【创建】╋→【几何体】●→【拓展基本体】按钮，在【顶视图】创建一个【切角圆柱体】，进行参数设置，半径为 50cm，高度为 24 cm，圆角为 2.5 cm，效果如图 1-55 所示。

（4）创建风扇铁杆。选中风扇定子，按住 Shift 键向上移动，复制出铁杆，设置参数半径为 5.5 cm，高度为 270 cm，圆角为 0.5 cm，效果如图 1-56 所示。

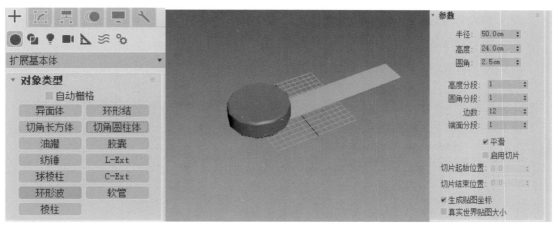

图 1-55　创建风扇定子

图 1-56　创建风扇铁杆

（5）调整风扇零件的位置。分别选中风扇定子和风扇铁杆，单击【选择并移动】工具在状态栏中将【X】、【Y】、【Z】轴都设置为 0，再选择扇叶，在状态栏中将【X】设置为 165 cm，【Y】、【Z】轴设置为 0，效果如图 1-57 所示。

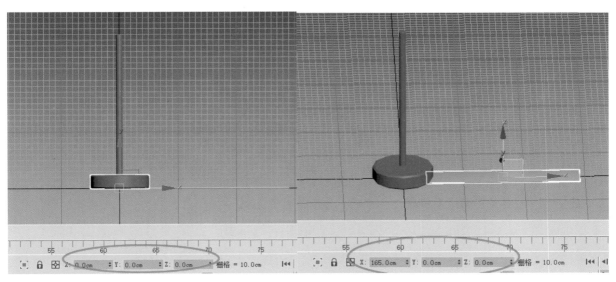

图 1-57　调整风扇零件的位置

（6）扇叶调整。

①选中扇叶，在菜单栏中点击【角度捕捉切换】，设置角度参数为 15，再点击【选择并旋转】按钮，在【前视图】中旋转扇叶，效果如图 1-58 所示。

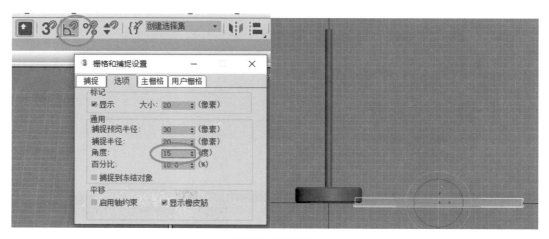

图 1-58　旋转扇叶

②选择扇叶，在【前视图】中，点击【选择并移动】，在状态栏中将【Z】轴设置为 12 cm，如图 1-59 所示。

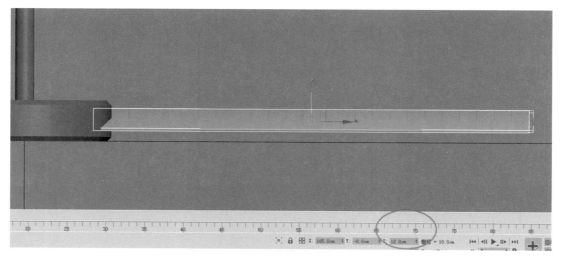

图 1-59　调整扇叶位置

③调整扇叶轴心。在命令面板中，单击【层次】→【轴】→【调整轴】→【仅影响轴】按钮，在状态栏中将【X】、【Y】轴设置为 0，设置完成后再次单击【仅影响轴】，效果如图 1-60 所示。

④在菜单栏中点击【角度捕捉切换】，设置角度参数为 120。再点击【选择并旋转】按钮，在【顶视图】中，按住按住 Shift 键旋转扇叶，弹出克隆选项后，设置对象为实例，副本数为 2，如图 1-61 所示。

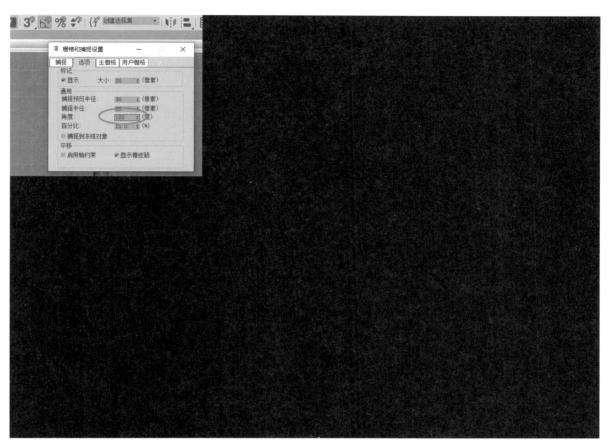

图 1-60 调整扇叶轴心

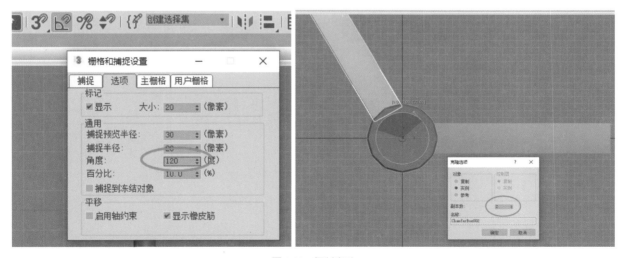

图 1-61　复制扇叶

（7）最终效果图如图 1-62 所示。

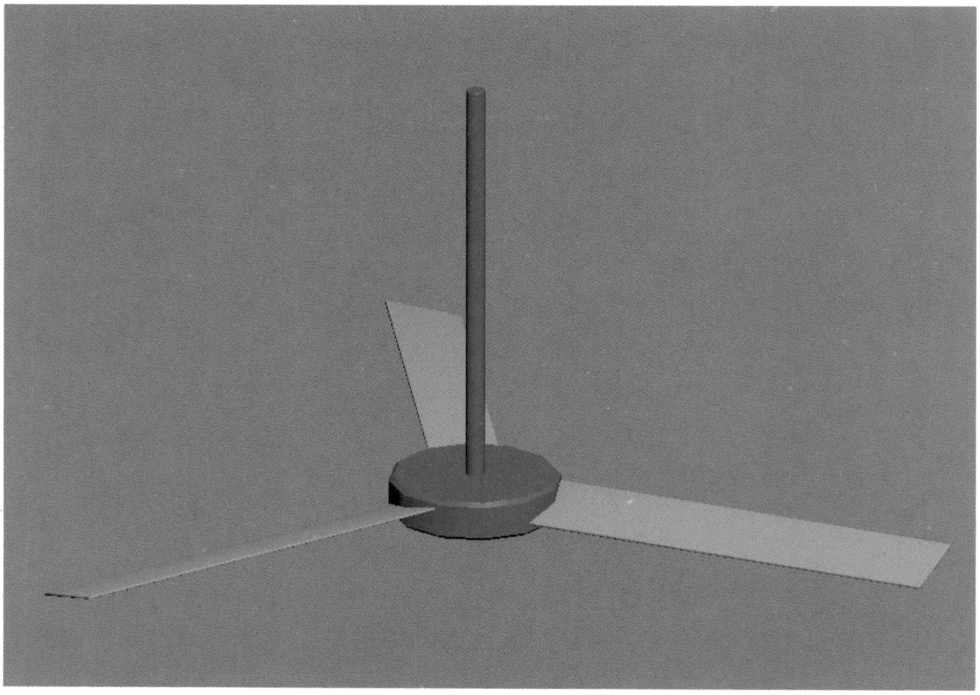

图 1-62　电风扇的最终效果

本 / 章 / 小 / 结

　　本章重点介绍了 3ds Max 2015 的工作界面，目的在于练习好基础的建模命令，为后面的多边形建模打下坚实的基础。

扫码看本章视频

第二章 多边形建模

多边形建模是目前三维软件中比较流行的建模方法，使用人群非常广泛。多边形建模的优势在于构造灵活，可以跟随制作者的思绪构造出理想模型，主要通过点、线、面进行修改与创作，运行速度非常快，模型布线的控制相对简单，可以随意在模型上进行修改，更适合制作动画和角色模型。

【多边形建模】面板包含用于切换子对象层级、导航修改器堆栈、将对象转化为可编辑多边形和编辑多边形等功能的工具。下面将重点介绍编辑多边形的相关内容。

第一节 编辑多边形

一、【编辑多边形模式】卷展栏

【编辑多边形模式】卷展栏可访问编辑多边形的两种操作模式，"模型"模式和"动画"模式。这两个模式一个用于建模，另一个用于动画设置。例如，可以为沿样条线挤出的多边形设置锥化和扭曲的动画，此时系统会分别记住每个对象的当前模式，同一模式在所有子对象层级都处于活动状态。另外使用该卷展栏，还可以访问当前操作的设置对话框，并提交或取消建模和动画更改，如图2-1所示。

图2-1 【编辑多边形模式】卷展栏

编辑多边形（对象）功能在没有子对象层级处于激活状态是可用的。另外，该项功能在所有的子对象层级都是可用的，并且在每一个模式中都起相同的作用，例外情况会出现提示。

二、【选择】卷展栏

【选择】卷展栏提供了各种工具，用于访问不同的子对象层级和显示设置，用于创建和修改选定的内容，还显示了与选定实体有关的信息，如图2-2所示。

（1）【顶点】 ：单击本按钮可启用顶点子对象层级，选择区域时可以选择该区域内的顶点。

（2）【边】 ：单击本按钮可启用边子对象层级，选择区域时可以选择该区域内的边。

（3）【边界】：单击本按钮可启用边界子对象层级，使用该层级，可以选择为网格中的孔洞设置边界的边序列。边界始终由面只位于其中一边的边组成，且始终是闭合的。

（4）【多边形】：单击本按钮可启用多边形子对象层级，从中选择对象中的所有连续多边形，区域选择用于选择多个元素。

（5）【使用堆栈选择】：启用时，编辑多边形自动使用在堆栈中向上传递的任何现有子对象选择，并禁止手动更改选择。

（6）【按顶点】：启用时，只有选择所有的顶点后，才能选择子对象。单击某一顶点时，将选择与该顶点相连的所有子对象。

（7）【忽略背面】：启用后，选择子对象将只影响朝向正面的那些对象。

（8）【按角度】：启用并选择某个多边形时，系统会根据复选框右侧的角度设置选择邻近的多边形。该值可以确定要选择的邻近多边形之间的最大角度。

（9）【收缩】：通过取消选择最外部的子对象来缩小子对象的选择区域。如果无法再减小选择区域的大小，将会取消选择的子对象。

（10）【扩大】：向所有可用方向外侧扩展选择区域。对于此功能，边界被认为是边选择。使用【收缩】和【扩大】，可从当前选择的子对象中添加或移除相邻元素。该选项适用于任何子对象层级。

（11）【环形】：通过选择与选定边平行的所有边来扩展边选择。【环形】仅适用于边子对象层级。选择【环形】时，可以向选定内容中添加与以前选定的边并行的所有边。

（12）【循环】：尽可能扩大选择区域，使其与选定的边对齐。【循环】仅适用于边子对象层级且只能通过四路交点进行传播。

（13）【获取堆栈选择】：使用在堆栈中向上传递的子对象选择替换当前选择。

三、【软选择】卷展栏

通过在【软选择】卷展栏中进行参数设置，可以在选择的子对象和未选择的子对象之间应用平滑衰减。在启用【使用软选择】时，会为与选择对象相邻的未选择子对象指定部分选择值。这些值可以选择按照顶点颜色渐变方式显示在视图中，也可以选择按照面的颜色渐变方式进行显示。它为类似磁体的效果提供了选择的影响范围，这种效果随着距离或部分选择的强度而衰减，如图2-3所示。

（1）【使用软选择】：启动该选项后，将会在可编辑对象或编辑修改命令内影响移动、旋转和缩放等操作，如果变形修改命令在

图2-2　【选择】卷展栏

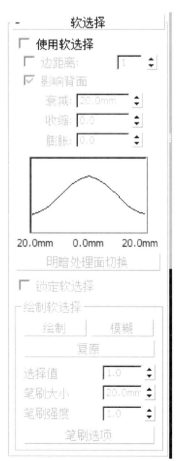

图2-3　【软选择】卷展栏

子对象选择上进行操作，那么也影响到对象上的变形修改命令的操作。

（2）【边距离】：启用该选项后，将软选择限制到指定的面数，该选择在进行选择的区域和软选择的最大范围之间。

（3）【影响背面】：启用该选项后，那些法线方向与所选子对象平均法线方向相反的、未被选择的面就会受到软选择的影响。

（4）【衰减】：用以定义影响选择区域的距离，它是用当前单位表示的从中心到球体的边的距离。

（5）【收缩】：用以沿着垂直轴升高或降低曲线的最高点。

（6）【膨胀】：用以沿着垂直轴展开和收缩曲线，设置区域的相对"饱满"程度。

（7）【软选择曲线】：以图形的方式显示"软选择"是如何进行工作的。

（8）【明暗处理面切换】：用以显示颜色渐变，它与软选择范围内面上的软选择权重相对应。该选择只有在编辑面片和多边形对象时才可以使用。

（9）【锁定软选择】：锁定软选择，以防止对程序的选择进行更改。

（10）【绘制软选择】：可以通过在选择上拖动鼠标来明确地指定软选择。绘制软选择功能在子对象层级上可以为可编辑多边形对象所用，也可以为应用了编辑多边形或多边形选择修改命令的对象所用。

四、【细分曲面】卷展栏

【细分曲面】卷展栏可以将细分应用于使用网格平滑修改命令的对象，以便对分辨率较低的框架网格进行操作，同时查看更为平滑的细分结果。该卷展栏既适用于所有子对象层级，也适用于对象层级，如图2-4所示。

（1）【平滑结果】：对所有的多边形应用相同的平滑组。

（2）【使用 NURMS 细分】：通过 NURMS 方法将对象进行平滑，NURMS 在可编辑多边形和网格平滑修改命令中的区别在于，后者可以使用户有权控制顶点，而前者不能。

（3）【等值线显示】：启用时，系统只显示等值线，平滑前对象的原始边。

（4）【显示框架】：显示线框的颜色。

（5）【显示】：将不同数目的平滑迭代次数或不同的平滑度值显示于视图。

（6）【渲染】：将不同数目的平滑迭代次数或不同的平滑度值应用于对象。

（7）【分隔方式】：用于防止在面之间的边缘处创建新的多边形，防止为不共享材质 ID 面之间的边创建新多边形。

图 2-4 【细分曲面】卷展栏

（8）【更新选项】：如果平滑对象的复杂度对于自动更新太高，请设置手动或渲染时更新选项；还可以选择渲染组下方的迭代次数，以便设置较高的平滑度，使其只在渲染时应用。

五、【细分置换】卷展栏

图 2-5　【细分转换】卷展栏

【细分置换】卷展栏可以指定曲面近似设置，用于细分可编辑的多边形。这些控制的工作方式与 NURBS 曲面的近似设置相同。对可编辑多边形应用位移贴图时，可以使用【细分置换】卷展栏控制，如图 2-5 所示。

（1）【细分置换】：启用时，可以使用在【细分预设】和【细分方法】设置区中指定的设置和方法，将相关的多边形精确地细分为多边形对象。

（2）【分割网格】：影响位移多边形对象的结合口，也会影响纹理贴图。启用时，会将多边形对象分割为多个多边形，然后使其发生位移，这有助于保留纹理贴图。禁用时，会对多边形进行分割，还会使用内部方法分配纹理贴图。

（3）【细分预设】：用于设置细分置换的 3 种级别。

（4）【细分方法】：可以指定启用细分置换时程序对位移贴图的应用方式，与用于 NURBS 曲面的近似控制相同。

六、【编辑几何体】卷展栏

图 2-6　【编辑几何体】卷展栏

当子对象层级未处于活动状态时，可以使用可编辑多边形的对象功能。另外，这些功能适用于所有的子对象层级，且在每种模式下的用法相同，【编辑几何体】卷展栏如图 2-6 所示。

（1）【重复上一个】：重复最近使用的命令。

（2）【约束】：可以使用现有的几何体约束子对象的变换。

（3）【保持 UV】：启用时，可以对边界进行编辑，而不会影响对象的 UV 贴图。

（4）【创建】：用于从孤立顶点和边界顶点创建多边形。

（5）【塌陷】：通过将其顶点与选择中心的顶点焊接，使选定边界产生塌陷。

（6）【附加】：用于将场景中的其他对象附加到选定的可编辑多边形中。可以附加任何类型的对象，包括样条线、面片对象和 NURBS 曲面。

（7）【分离】：从编辑多边形对象分离选定边框和附着的所有多边形，创建单独对象或元素。

（8）【切片平面】：为切片平面创建 Gizmo 坐标，可以通过定位和旋转它来指定切片位置。

（9）【分割】：启用时，通过【快速切片】和【切割】操作，可以在划分边界的位置处的点创建两个顶点集。这样可以轻松地删除要创建孔洞的新多边形，还可以将新多边形作为单独的元素进行设置动画。

（10）【切片】：在切片平面位置处执行切片操作。

（11）【快速切片】：无须操作 Gizmo 坐标，就可以将所选对象快速切片。

（12）【切割】：用于创建一个多边形到另一个多边形的边，或在多边形内创建边。

（13）【网格平滑】：使用当前设置平滑对象。此命令具有细分功能，它与网格平滑修改命令中的 NURMS 细分类似，但是与 NURMS 细分不同的是，它立即将平滑应用到控制网格的选定区域上。

（14）【细化】：根据细化设置细分对象中的所有多边形。

（15）【平面化】：强制对象中的所有顶点共面。

（16）【X】/【Y】/【Z】：平面化对象中的所有顶点，并使该平面与对象局部坐标系中的相应平面对齐。

（17）【视图对齐】：使对象中的所有顶点与活动视图所在的平面对齐。

（18）【栅格对齐】：使选定对象中的所有顶点与活动视图所在的平面对齐。如果子对象模式处于活动状态，则该功能只适用于选定的子对象。该功能可以使选定的顶点与当前的构建平面对齐。

（19）【松弛】：使用【松弛】对话框中的【设置】可以将松弛功能应用于当前的选定内容。【松弛】可以规格化网格空间，方法是朝向邻近对象的平均位置移动每个顶点。其工作方式与松弛修改命令相同。

（20）【隐藏选定对象】：隐藏任何选定的顶点，隐藏的顶点不能用来选择或转换。

（21）【全部取消隐藏】：将所有隐藏的顶点恢复为可见。

（22）【隐藏未选定对象】：隐藏未选定的任意顶点。

（23）【命名选择】：用于复制和粘贴对象之间的子对象的命名选择集。

（24）【完全交互】：切换【快速切片】和【切割】工具的反馈层级以及所有的设置对话框。

七、【编辑顶点】卷展栏

顶点是空间中的点，定义组成多边形的其他子对象的结构。当移动或编辑顶点时，它们形成的几何体也会受到影响。顶点可以独立存在，这些独立顶点可以用来构建其他几何体。【编辑顶点】卷展栏如图 2-7 所示。

（1）【移除】：去除选定顶点，并重新组合使用这些顶点的多边形。

（2）【断开】：在与选定顶点相连的每个多边形上都创建一个新顶点。

图 2-7　【编辑顶点】卷展栏

（3）【挤出】：单击此按钮，垂直拖动选择的顶点，就可以挤出顶点。

（4）【焊接】：在【焊接】对话框中将指定公差范围之内连续的选中顶点进行合并，所有边都会与产生的单个顶点连接。

（5）【切角】：单击此按钮，在所选对象中拖动顶点，即可完成 1 变 n 的切角操作。

（6）【目标焊接】：可以选择一个顶点作为目标顶点，然后单击此按钮，将其他顶点焊接到目标顶点上。

（7）【连接】：在选中的顶点之间创建新的边。连接不会让新的边交叉。

（8）【移除孤立顶点】：将不属于任何多边形的所有顶点删除。

（9）【移除未使用的贴图顶点】：某些建模操作会留下未使用的（孤立）贴图顶点，它们会显示在展开 UVW 编辑器中，但是不能用于贴图。

（10）【权重】：设置选定顶点的权重，供 NURMS 细分选项和网格平滑修改命令使用。

八、【编辑边】卷展栏

边是连接两个顶点的直线，它可以形成多边形的边。边不能由两个以上的多边形共享。另外，两个多边形的法线应相邻，如果不相邻，应卷起共享顶点的两条边。【编辑边】卷展栏如图 2-8 所示。

图 2-8　【编辑边】卷展栏

（1）【插入顶点】：用于手动细分可视的边。启用【插入顶点】，单击某条边即可在该位置处添加顶点。只要命令处于激活状态，就可以连续细分多边形。

（2）【移除】：删除选定边并组合使用这些边的多边形。

（3）【分割】：沿着选定边分割网格。当对网格中心的单条边应用时，不会起任何作用。只有影响边末端的顶点时，才能使用该选项。

（4）【挤出】：单击此按钮，然后垂直拖动任意边，即可完成挤出操作。另外，也可以通过在【挤出】对话框中设置参数来完成挤出操作。

（5）【切角】：执行时先单击本按钮，然后拖动选择对象中的边，即可完成 1 变 2 的切角操作。

（6）【焊接】：用于组合选定的两条边。另外，还可通过在【焊接边】对话框中设置【焊接阈值】来完成焊接操作。该选项只能焊接仅附着一个多边形的边，也就是边界上的边。

（7）【目标焊接】：用于选择边并将其焊接到目标边。

（8）【桥】：使选择的两组边自动连接。

（9）【连接】：在选定边之间创建新边，只能连接同一多边形上的边，连接不会让新的边交叉。连接设置用于预览连接，并指定执行该操作时创建的边分段数。要增加连接选定边的边数，增加连接边分段设置。

（10）【利用所选内容创建图形】：选择一个或多个边后，单击本按钮，以便通过选定的边创建样条线形状。此时，将会显示【创建图形】对话框，在其中可为曲线命名，并将图形设置为平滑或线性。

（11）【权重】：设置选定边的权重。增加边的权重时，可能会远离平滑结果。

（12）【折缝】：指定对选定边执行的折缝操作量。如果设置值不高，该边相对平滑。如果设置值较高，折缝会逐渐可视。如果设置为最高值 1，则很难对边执行折缝操作。

（13）【编辑三角形】：用于修改绘制内边或对角线时多边形细分为三角形的方式。

（14）【旋转】：用于通过单击对角线修改多边形细分为三角形的方式。

九、【编辑边界】卷展栏

边界是网格的线性部分，通常可以描述为孔洞的边缘。它通常是多边形仅位于一面时的边序列。如果创建圆柱体，然后删除末端多边形，相邻的一行边会形成边界。在可编辑多边形的边界子对象层级，可以选择一个和多个边界，然后使用标准方法对其进行变换。【编辑边界】卷展栏如图 2-9 所示。

图 2-9　【编辑边界】卷展栏

（1）【插入顶点】：用于手动细分边界边。启用【插入顶点】后，单击边界边即可在该位置处添加顶点。只要命令处于激活状态，就可以连续细分边界边。

（2）【封口】：使用单个多边形封住整个边界环。选择该边界，然后单击【封口】按钮。

（3）【挤出】：通过直接在视口中操作，对边界进行手动挤出处理。单击此按钮，然后垂直拖动任何边界，即可完成挤出操作。当挤出边界时，该边界将会沿着法线方向移动，然后创建形成挤出面的新多边形，从而将该边界与对象相连。挤出时，可以形成不同数目的其他面，具体情况视该边界附近的几何体而定。

（4）【切角】：单击本按钮，然后拖动活动对象中的边界即可完成切角操作。

（5）【桥】：用于连接对象的两个边界。用户也可以单击其右侧的设置按钮，通过弹出【桥】对话框中的参数设置来交互式操纵连接选定的边界。

（6）【连接】：在选定的边界边之间创建新边。这些边可以通过其中的点相连，且只能连接同一多边形上的边。连接不会让新的边交叉。

十、【编辑多边形 / 元素】卷展栏

多边形 / 元素是通过曲面连接的三条或多条边的封闭序列，其中提供了可渲染的可编辑多边形 / 元素对象曲面，【编辑多边形 / 元素】卷展栏如图 2-10 所示。

（1）【挤出】：直接在视图中操作时，可以执行手动挤出操作。单击此按钮，然后垂直拖动任意多边形，即可将其挤出。挤出多边形时，这些多边形将会沿着法线方向移动，然后创建形成挤出边的新多边形，从而将该多边形与对象相连。

（2）【轮廓】：用于增加或减小每组连续的选定多边形的外边。单击其右侧的设置按钮，打开【多边形轮廓】对话框，在其中可以根据轮廓量数值的设置执行轮廓操作。

图 2-10 【编辑多边形 / 元素】卷展栏

（3）【倒角】：通过直接在视图中操纵执行手动倒角操作。单击此按钮，然后垂直拖动任意多边形，以便将其挤出。释放鼠标，然后垂直移动鼠标光标，以便设置挤出轮廓。

（4）【插入】：执行没有高度的倒角操作，即在选定多边形的平面内执行该操作。单击此按钮，然后垂直拖动任意多边形，以便将其插入。

（5）【翻转】：用于翻转选定多边形的法线方向。

（6）【从边旋转】：通过在视图中直接操纵执行手动旋转操作。选择多边形，并单击本按钮，然后沿着垂直方向拖动任意边，即可旋转选定多边形。如果鼠标光标放在某条边上，将会更改为十字形状。用户可通过【从边旋转多边形】对话框中的参数设置来交互式操纵旋转选定的多边形。

（7）【沿样条线挤出】：沿样条线挤出当前的选定内容。

十一、【多边形属性】卷展栏

【多边形属性】卷展栏主要控制材质 ID、平滑组和顶点颜色，如图 2-11 所示。

（1）【设置 ID】：用于向选定的子对象分配特殊的材质 ID 编号，以供多维 / 子对象材质和其他应用使用。使用该微调器或通过键盘输入编号，可用的 ID 总数是 65535。

（2）【选择 ID】：选择与相邻 ID 字段中指定的材质 ID 对应的子对象，键入或使用微调器指定 ID，然后单击【选择 ID】按钮即可。

（3）【按名称选择】：如果已为对象指定多维 / 子对象材质，该下拉列表中会显示子材质的名称。

（4）【清除选定内容】：启用时，如果选择新 ID 或材质名称，将会取消选择以前选定的所有子对象。

（5）【平滑组】：可以向不同的平滑组分配选定的多边形，还可以按照平滑组选择多边形。

十二、【绘制变形】卷展栏

利用【绘制变形】卷展栏中的设置，用户可以推、拉或者在对象曲

图 2-11 【多边形属性】卷展栏

面上拖动鼠标光标来影响顶点，在对象层级上，该操作可以影响所选定
对象的所有顶点。若在子对象层级上，它仅会影响所选定的顶点以及识
别软选择。利用【绘制变形】卷展栏，可以将凸起和缩进的区域直接置
入对象曲面，如图 2-12 所示。

（1）【推 / 拉】：将顶点移入对象曲面内（推）或移出对象曲面
外（拉），推拉的方向和范围由【推 / 拉值】确定。

（2）【松弛】：将每个顶点移到由它的邻近顶点平均位置所计算
出来的位置上，来规格化顶点之间的距离。

（3）【复原】：通过绘制可以逐渐擦除或反转由【推 / 拉】或【松
弛】产生的效果，它仅影响从最近的提交操作开始变形的顶点。如果没
有顶点可以复原，【复原】按钮就不可用。

图 2-12　【绘制变形】卷展栏

（4）【推 / 拉方向】：该设置用以指定对顶点的推或拉是根据原
始法线或变形法线进行，还是沿着指定轴进行。选择【原始法线】后，对顶点的推或拉会使顶点以
它变形之前的法线方向进行移动；选择【变形法线】后，对顶点的推或拉会使顶点以它现在的法线
方向进行移动；选择【变换轴 X/Y/Z】后，对顶点的推或拉会使顶点沿着指定的轴进行移动，并使
用当前的参考坐标系。

（5）【推 / 拉值】：确定单个推 / 拉操作应用的方向和最大范围，正值是将顶点拉出对象曲面，
而负值是将顶点推入曲面。

（6）【笔刷大小】：设置圆形笔刷的半径，只有位于笔刷圆之内的顶点才可以变形。

（7）【笔刷强度】：设置笔刷应用【推 / 拉值】的速率，低强度值应用效果的速率要比高强
度值小。

（8）【笔刷选项】：单击此按钮以打开【绘制选项】对话框，在该对话框中可以设置各种笔刷
相关的参数。

（9）【提交】：使变形的更改永久化，将它们【烘焙】到对象几何体中，在使用【提交】后，
就无法将【复原】应用到更改上。

（10）【取消】：取消自最初应用【绘制变形】以来的所有更改，或取消最近的【提交】操作。

第二节　多边形建模实例

无论建什么样的模型，对物体结构位置的把握必不可少。本节以瓶子建模、红酒杯建模、茶壶建模、
白瓷瓶建模、桶的建模为例，对多边形建模的过程进行详细介绍。

一、瓶子建模

瓶子模型是利用圆柱体框架，通过【编辑多边形】、【缩放】、【连接】等命令制作出来的。
具体建模步骤如下。

（1）启动 3ds Max 2015，单击【创建】 ⚙ →【几何体】 ○ →【圆柱体】 圆柱体 按钮，在【顶视图】创建一个圆柱体，高度分段为 6，端面分段为 1，边数为 12，参数及尺寸如图 2-13 所示。

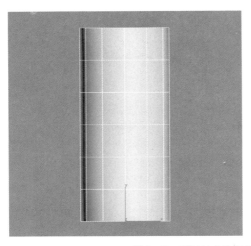

图 2-13　圆柱体参数及尺寸

（2）对圆柱体执行【转换为可编辑多边形】命令，按【1】键，进入【顶点】 ⬚ 子层级，使用工具栏中的【选择并均匀缩放】 ▣ 工具进行调整，圆柱体调整后的形态如图 2-14 所示。

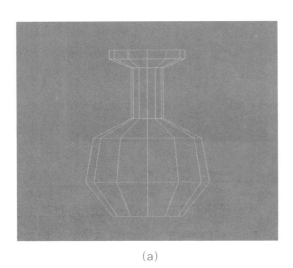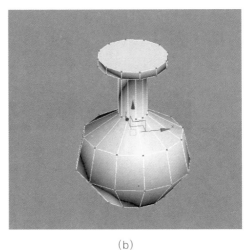

(a)　　　　　　　　　　　　　　　　　　　(b)

图 2-14　圆柱体调整后的形态

（3）按【2】键，进入【边】 ◿ 子层级，在【前视图】选中最底下的边，然后右击鼠标选择【连接】，会连接出一条边线，然后使用工具栏中的【选择并均匀缩放】 ▣ 工具，调整它的形状（图 2-15）。

（4）用同样的方法调整瓶子的瓶身、瓶颈连接线，然后在工具栏中选择【选择并均匀缩放】 ▣ 工具，进入【顶点】 ⬚ 子层级中调节瓶子的形状（图 2-16）。

（5）选择长方体，按【4】键，进入【多边形】 ▣ 子层级，选中图 2-17 所示的面。然后选择【插入】 插入 ▢ 命令，按照对话框的参数设置插入量。

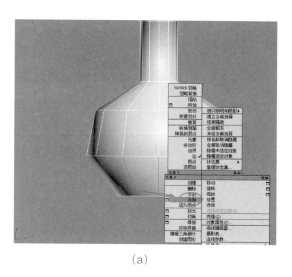
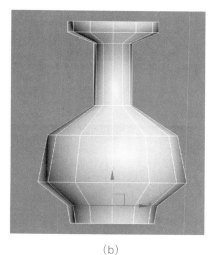

(a)　　　　　　　　　　　　　　　　　　(b)

图 2-15　选择的边

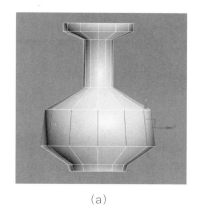

(a)　　　　　　　　　　(b)　　　　　　　　　　(c)

图 2-16　瓶子形态调节

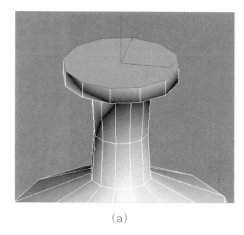

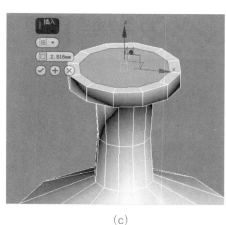

(a)　　　　　　　　　　(b)　　　　　　　　　　(c)

图 2-17　选择面

（6）单击【挤出】 挤出 命令，参数设置为 1.829 mm，如图 2-18 所示，再点击图标上的勾，然后选择【插入】 插入 命令，按照对话框的参数设置插入量，再选择【挤出】 挤出 命令，挤出参数设置为 −7.396 mm，这样即可画出一个瓶口的形状。

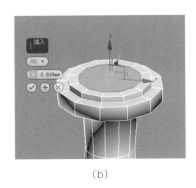 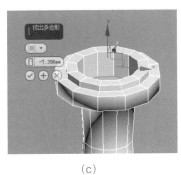

(a)   (b)   (c)

图 2-18 画出瓶口形状

（7）瓶口细节的调整。按【2】键，进入【边】 ☑ 子层级，选择如图 2-19 所示的边，选择【连接】 连接 □ 命令加一圈边线，然后进行调整。

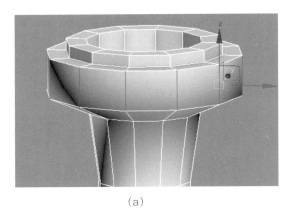 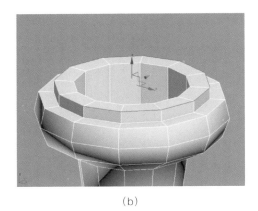

(a)   (b)

图 2-19 调整瓶口细节

（8）双击瓶口上横坐标的任意一条边可以选中一圈边线，单击【切角】 切角 □ 命令，调节切角量为 0.546 mm，如图 2-20 所示。

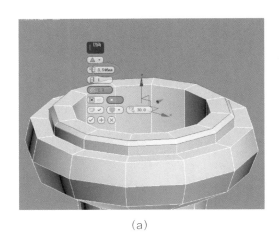 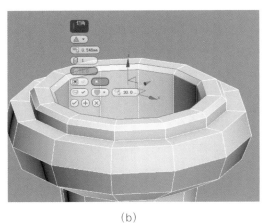

(a)   (b)

图 2-20 调节瓶口参数

（9）瓶颈的制作。选择瓶颈上的线，单击【切角】 切角 □ 命令，切出两条线，参数如图 2-21 所示。

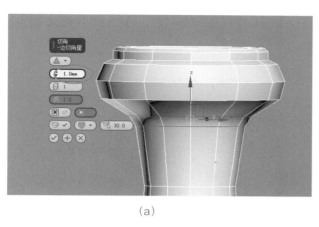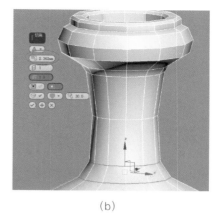

(a)

(b)

图 2-21 瓶颈的制作

（10）瓶身的制作。选择瓶身上的线，单击【切角】 切角 ☐ 命令，切出两条线，调节切角量为 4.357 mm，选择瓶身底部，连接一条边让底部结构更加清晰（图 2-22）。

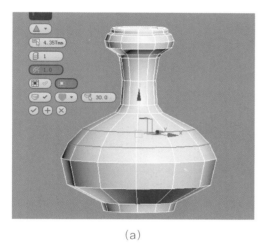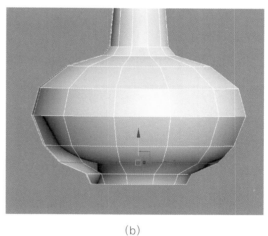

(a)

(b)

图 2-22 瓶身的制作

（11）瓶底的制作。选择瓶底下的一圈线，单击鼠标右键，选择【连接】命令，选择工具栏的【选择并移动】✛ 工具进行调节（图 2-23）。

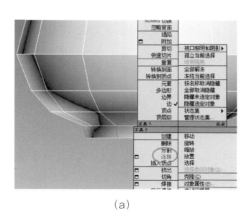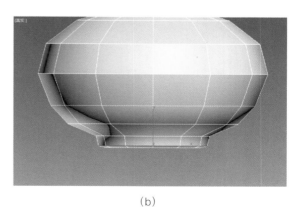

(a)

(b)

图 2-23 瓶底的制作

（12）双击瓶底上横坐标的任意一条边可以选中一圈边线，单击【切角】 切角 命令，调节切角量为 0.578 mm，让底部的结构更加清晰（图 2-24）。

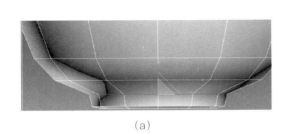

（a）

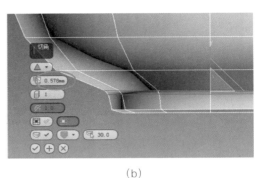

（b）

图 2-24　调整瓶底细节

（13）按【1】键，进入【顶点】 子层级，对瓶子整体形态进行细致调整。瓶子调整后的形态如图 2-25 所示。

（14）在【修改器列表】中执行【涡轮平滑】命令，【迭代次数】设置为 1。执行【涡轮平滑】后的效果如图 2-26 所示。

图 2-25　瓶子调整后的形态

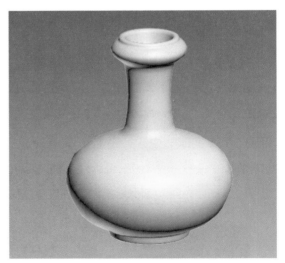

图 2-26　执行【涡轮平滑】后的效果

二、红酒杯建模

红酒杯的制作过程是先创建圆柱体，然后执行【转换成可编辑多边形】命令进行修改，具体建模步骤如下。

（1）启动 3ds Max 2015，单击【创建】 →【几何体】 →【圆柱体】 圆柱体 按钮，在【顶视图】创建一个圆柱体，高度分段为 1，端面分段为 1，边数为 12，参数及尺寸如图 2-27 所示。

（2）对圆柱体执行【转换成可编辑多边形】命令，按【2】键，进入【边】 子层级，选择图中的边，运用【连接】 连接 命令连接三条边，如图 2-28 所示。

图 2-27 圆柱体的参数及尺寸

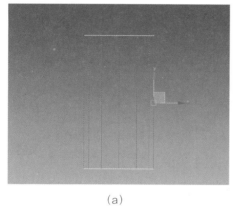

（a）

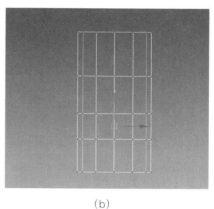

（b）

图 2-28 选择的边

（3）形态调节。

①对杯梗进行形态调节（图 2-29）。按【1】键进入【顶点】 子层级，在工具栏选择【选择并均匀缩放】 工具和【选择并移动】 工具对杯梗进行形态调节。

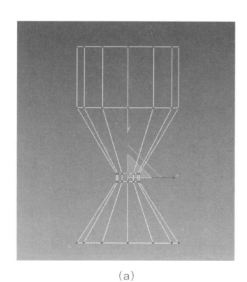

（a）

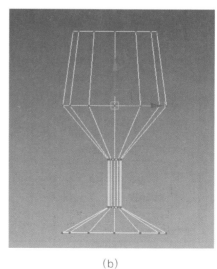

（b）

图 2-29 对杯梗进行形态调节

②对杯座进行形态调节（图2-30）。按【2】键，进入【边】☑ 子层级，选中杯座的边，运用【连接】 连接 ▣ 命令连接三圈边，然后进入【顶点】 ⠿ 子层级，进行形态调节。

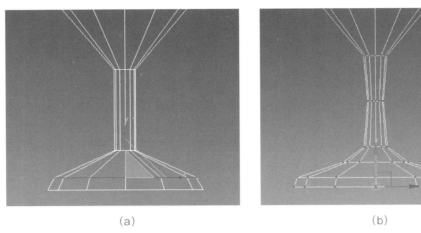

(a)   (b)

图2-30 对杯座进行形态调节

③对杯肚进行形态调节（图2-31）。按【2】键，进入到【边】☑ 子层级，运用【连接】 连接 ▣ 命令连接三圈边线，选中工具栏中的【选择并均匀缩放】 ▣ 和【选择并移动】 ✛ 工具进行调节。

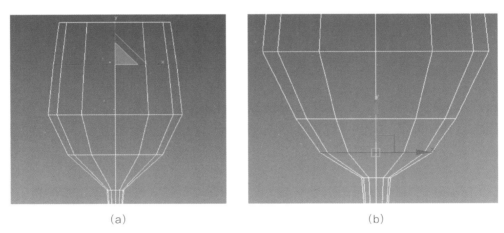

(a)   (b)

图2-31 对杯肚进行形态调节

（4）杯口的制作。

①按【4】键，进入【多边形】 ▣ 子层级，选中顶部的多边形，单击【编辑多边形】中的【插入】 插入 ▣ 命令，插入值为1.454 mm，如图2-32所示。

②单击【挤出】 挤出 ▣ 命令，挤出参数为-22.91 mm，单击 ⊕ 命令会再次挤出同样参数的高度，按【1】键回到【顶点】 ⠿ 子层级，选择工具栏【选择并均匀缩放】 ▣ 工具进行形态调整，如图2-33所示。

③按【2】键进入【边】☑ 子层级，在透视图中选中杯口内部一条边，运用【环形】 环形 ⇡ 按钮环选一圈边线，用【连接】 连接 ▣ 命令连接线，如图2-34所示。

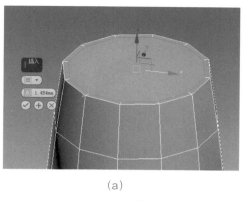

(a)   (b)

图2-32 杯口制作（一）

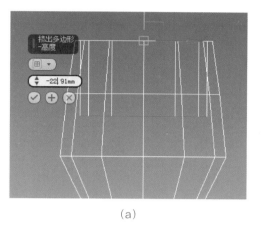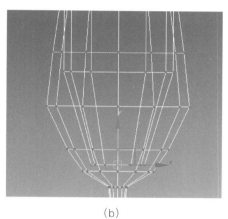

(a)   (b)

图2-33 杯口制作（二）

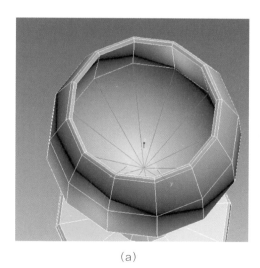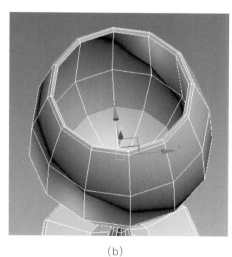

(a)   (b)

图2-34 杯口制作（三）

④用同样的方法再连接一圈线，如图2-35所示，添加完线后简单调节，选中最底部的多边形，单击【塌陷】 塌陷 命令，让其塌陷成为一个顶点，进入【顶点】 子层级，调节形态。

⑤单击进入【边】插入【边】图标子层级，选中图2-36中的位置的任意一条边，用【环形】 环形 按钮环选一圈边线，用【连接】 连接 命令连接，并用【选择并移动】 工具进行调节。

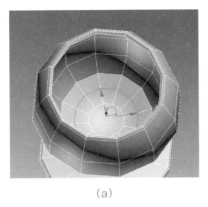
(a)

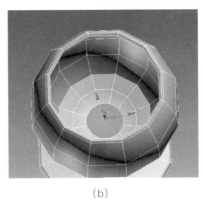
(b)

(c)

图 2-35 杯口制作（四）

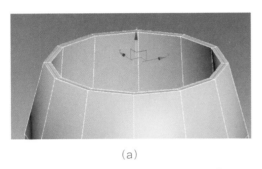
(a)

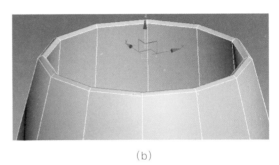
(b)

图 2-36 杯口制作（五）

（5）杯座制作。选中杯脚的一圈边线，运用【切角】 切角 □ 命令，切出来一条斜边，使结构更加平滑，参数如图 2-37 所示。在杯脚底部加一圈边线，进入【顶点】 子层级，运用工具栏中的【选择并移动】 和【选择并均匀缩放】 命令调节形态。

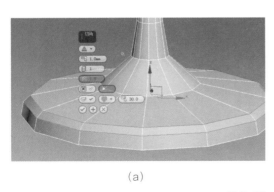
(a)

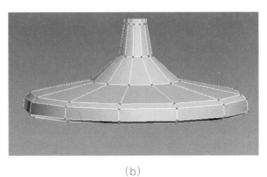
(b)

图 2-37 杯座制作

（6）按【1】键，进入【顶点】 子层级，对红酒杯整体形态进行细致的调整，在【修改器列表】中执行【涡轮平滑】命令，【迭代次数】设置为 2。红酒杯最终效果如图 2-38 所示。

三、茶壶建模

茶壶建模运用了组合式建模的方法。建模过程中运用了【创建】、【长方体】、【圆柱体】、【线】等命令，然后执行【转换成可编辑多边形】命令进行修改，最后完成茶壶的制作。具体建模步骤如下。

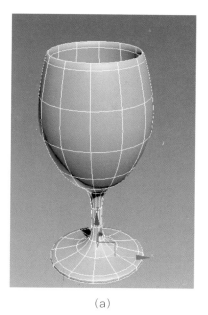

（a）　　　　　　　　　　　　　（b）

图 2-38　红酒杯最终效果

（1）启动 3ds Max 2015，单击【创建】⚙→【几何体】◯→【长方体】 长方体 按钮，在【顶视图】创建一个长方体，长为 80 mm，宽为 80 mm，高为 120 mm，长度分段、宽度分段、高度分段均为 1，在工具栏中找到【选择并移动】✛ 工具，在坐标状态栏中把【X】、【Y】、【Z】改为 0，让长方体处于视图中心位置，参数及尺寸如图 2-39 所示。

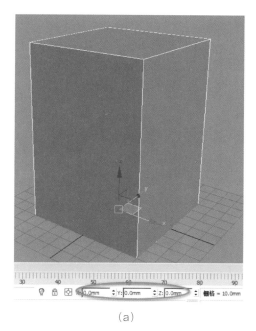

（a）　　　　　　　　　　　　（b）

图 2-39　参数及尺寸

（2）形态调整。

①对长方体执行【转换为可编辑多边形】命令，按【1】键，进入【顶点】⬚ 子层级。选择茶壶顶部的顶点，点击工具栏中的【选择并均匀缩放】▣ 按钮，调节茶壶的大小。按【2】键，进入【边】

子层级，在【顶视图】中分别框选图中的边线，然后运用【连接】 ▭连接▭ 命令连接边线，效果如图 2-40 所示。

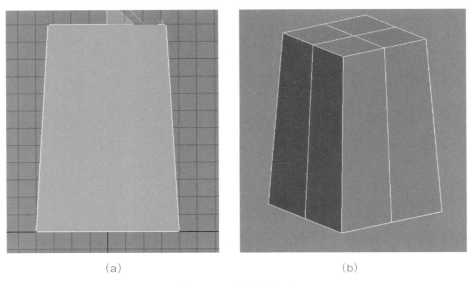

(a)   (b)

图 2-40　形态调整（一）

②进入【顶点】 ▦ 子层级，选中图中的顶点，运用工具栏中的【选择并均匀缩放】 ▣ 工具进行缩放调整。再进入【前视图】，选中最上面的顶点，运用【选择并均匀缩放】 ▣ 工具，点中 Y 轴向下缩放直到所有顶点在一个平面上为止，按同样的方法调整好底部的顶点，效果如图 2-41 所示。

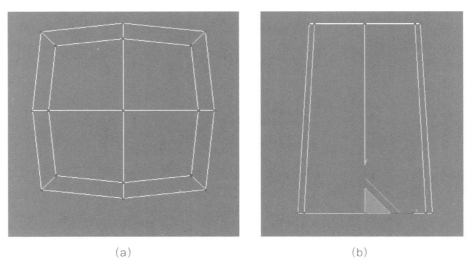

(a)   (b)

图 2-41　形态调整（二）

③进入【边】 ◿ 子层级，按住【Ctrl】键和鼠标左键，点选长方体最外侧的边，运用【切角】 ▭切角▭ 命令，切角量为 2 mm，边分段为 2，如图 2-42 所示。

（3）杯体的调整（图 2-43）。回到【前视图】，选中杯体中间的一圈边线，找到【切片平面】 ▭切片平面▭ ，在杯体的上部选择合适的位置，点击【切片】 ▭切片▭ ，这样就添加了一圈边线。采取同样的方法，在下部添加一圈边线。

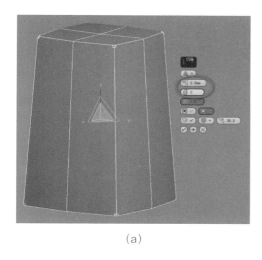
(a)

(b)

(c)

图 2-42 形态调整（三）

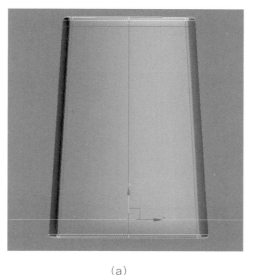
(a)

(b)

图 2-43 杯体的调整

（4）杯盖的制作。

①单击【创建】→【几何体】→【球体】 球体 按钮，在【顶视图】创建一个球体，半径为 25 mm，分段数为 12，半球为 0.625，选择【选择并移动】工具，在状态坐标栏把【X】、【Y】、【Z】改为 0，把球体向上移动至一个合适的位置，如图 2-44 所示。

②对球形执行【转换为可编辑多边形】命令，按【1】键进入到【顶点】子层级，在工具栏中选择【选择并移动】工具，对杯盖进行调整。按【2】键进入【边】子层级，双击杯盖底部的边，选择一圈边线后，运用【切角】 切角 命令调节，参数如图 2-45 所示。

③按【1】键回到【顶点】子层级，选择顶部的点，执行【切角】 切角 命令，参数切角量为 3 mm，切出一个面，效果如图 2-46 所示。

④按【4】键，进入【多边形】子层级，选中顶部的面，执行【挤出】 挤出 命令，挤出一个圆柱。选中顶部的线，运用【连接】 连接 命令，连接出两条线，效果如图 2-47 所示。

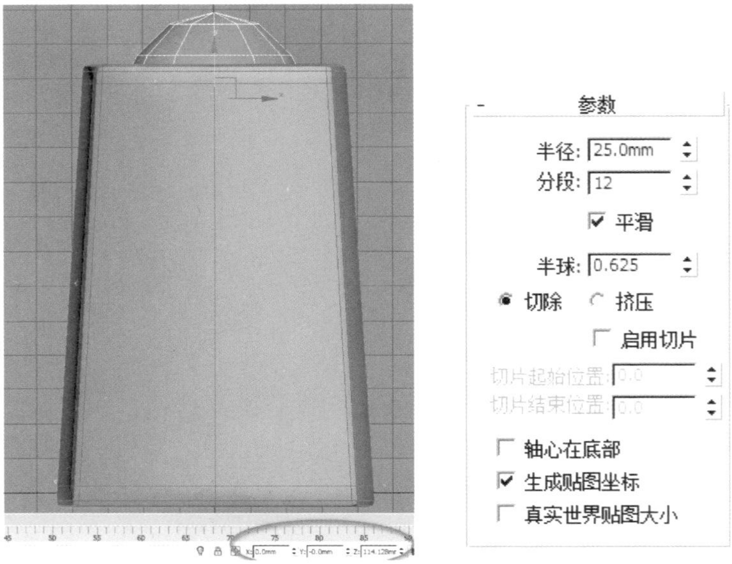

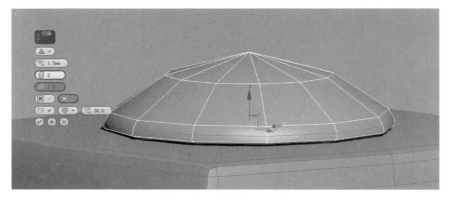

图 2-44 杯盖的制作（一）

（a）　　　　　　　　　　（b）

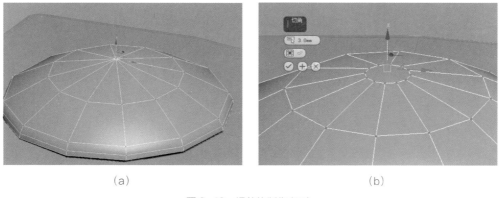

图 2-45 杯盖的制作（二）

（a）　　　　　　　　　　（b）

图 2-46 杯盖的制作（三）

⑤按【1】键，回到【顶点】 子层级，在工具栏中选择【选择并移动】 工具，调节杯盖的形态。再按【2】键，进入【边】 子层级，选中图中的边，运用【切角】 切角 命令进行切角，参数如图 2-48 所示。

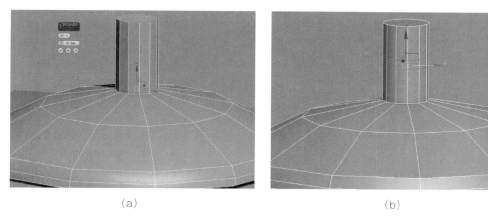

图 2-47 杯盖的制作（四）

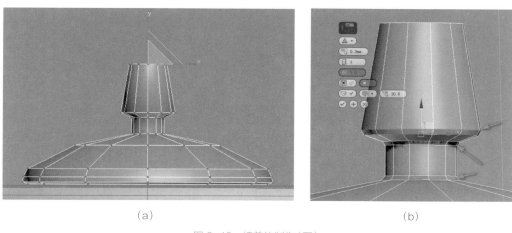

图 2-48 杯盖的制作（五）

⑥选中顶部的那圈边，运用【切角】 切角 □ 命令，参数如图 2-49 所示，按【4】键进入【多边形】 ▦ 子层级，选择【插入】 插入 □ 命令，会多出来一个面，然后再使用【塌陷】 塌陷 命令把多边形塌陷成一个顶点。

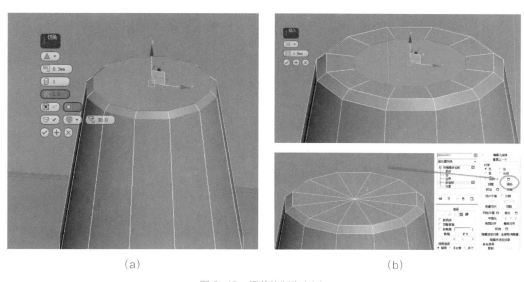

图 2-49 杯盖的制作（六）

（5）把手的制作。

①按【F】键，回到【前视图】，单击【创建】⚙ →【图形】◎ →线 [线] 按钮，绘制一条把手模样的线段。进入【修改】☑ 面板，按【1】键，进入【顶点】⋮ 子层级，进行调整。然后进入【渲染】子层级，勾选【在渲染中启用】☑ 在渲染中启用 和【在视口中启用】☑ 在视口中启用 ，并设置【矩形】◉矩形 参数，如图 2-50 所示。最后对把手执行【转换为可编辑多边形】命令。

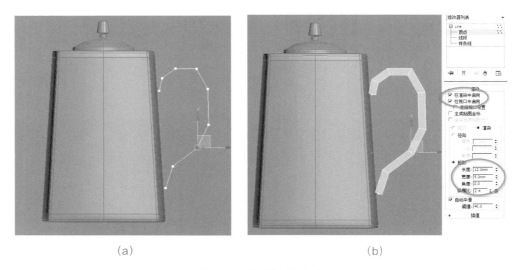

(a)   (b)

图 2-50　把手的制作（一）

②按【2】键，进入可编辑多边形【边】◢ 子层级，按住【Ctrl】键并且双击鼠标左键连续选择外侧的边，再执行【切角】[切角] □ 命令进行切角，让把手更加平滑，参数如图 2-51 所示。

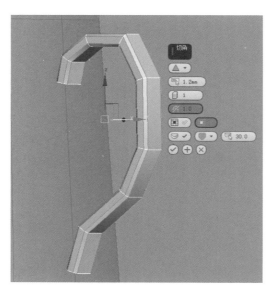

图 2-51　把手的制作（二）

③选择把手最两端的边，运用【切角】[切角] □ 命令让边更平滑。再进入【顶点】⋮ 子层级，按照图 2-52 所示选中两个顶点并执行【塌陷】[塌陷] 命令，使两者变成一个顶点。按同样的方法调节另外一端。

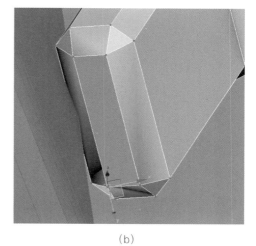

（a） （b）

图 2-52 把手的制作（三）

④对把手形态进行细致的调整，在【修改器列表】中执行【涡轮平滑】命令，打开【显示最终结果开 / 关切换】 开关，回到【顶】 子层级调整。把手的最终效果如图 2-53 所示。

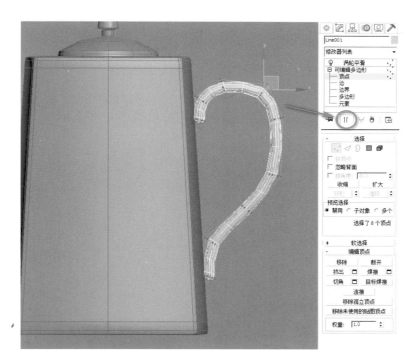

图 2-53 茶把的制作

（6）茶嘴的制作。

①按【F】键，回到【前视图】，单击【创建】 →【图形】 →【线】 线 按钮，绘制一条茶嘴模样的线段，进入【修改】 面板，按【1】键，进入【顶点】 子层级，进行调整。然后进入【渲染】子层级，勾选【在渲染中启用】 在渲染中启用 和【在视口中启用】 在视口中启用 ，径向参数为 204.724 mm，边数为 8。然后执行【转换为可编辑多边形】命令，按【1】键，进入【顶点】 子层级，调整形态，效果如图 2-54 所示。

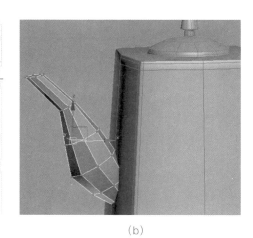

$$(a) \qquad (b)$$

图 2-54　茶嘴的制作（一）

②按【4】键，进入到【多边形】 ◨ 子层级，选择茶嘴顶部的多边形，点击【插入】 插入 ◻ 命令，插入量为 1 mm，再点击【倒角】 倒角 ◻ 命令，参数如图 2-55 所示。最后点击【塌陷】 塌陷 按钮，将多边形塌陷成一个点。

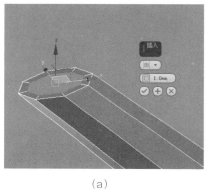
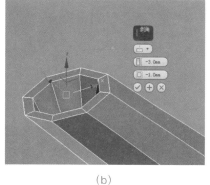

$$(a) \qquad\qquad (b)$$

图 2-55　茶嘴的制作（二）

③选中茶嘴顶部的一条边，按【环形】 环形 ◫ 按钮，环选一圈边。再使用【连接】 连接 ◻ 命令，连接出一条线。在工具栏中选择【选择并移动】 ✛ 调节平滑度，如图 2-56 所示。

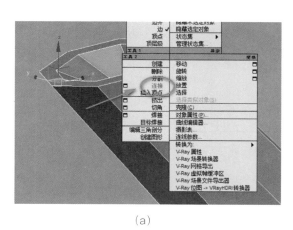
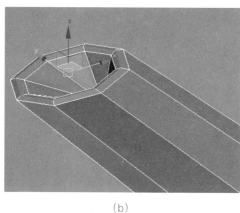

$$(a) \qquad\qquad (b)$$

图 2-56　茶嘴的制作（三）

④按【1】键，进入【顶点】 子层级，对茶嘴的形态进行精细的调整。茶嘴调整后的形态如图 2-57 所示。

⑤在【修改器列表】中执行【涡轮平滑】命令，【迭代次数】设置为 1。茶嘴执行【涡轮平滑】后的效果如图 2-58 所示。

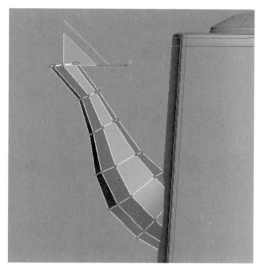 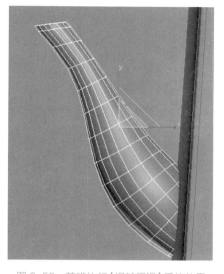

图 2-57　茶嘴调整后的形态　　　　　　图 2-58　茶嘴执行【涡轮平滑】后的效果

（7）底座制作。

①单击【创建】 →【几何体】 →【圆柱体】 圆柱体 按钮，在【顶视图】创建一个圆柱体，参数半径为 30 mm，高度为 10 mm，如图 2-59 所示。

②执行【转换为可编辑多边形】命令，按【2】键，进入【边】 子层级，框选底部的边，单击【连接】 连接 命令，连接一圈线，如图 2-60 所示。

图 2-59　底座制作（一）

③按【1】键，进入【顶点】 子层级，在工具栏中选择【选择并均匀缩放】 工具和【选择并移动】 工具，调整底座的形态，选中底部上纵向的一条边，再使用【环形】 环形 按钮，选中一圈边，再单击【连接】 连接 按钮，增加一圈线，效果如图2-61所示。

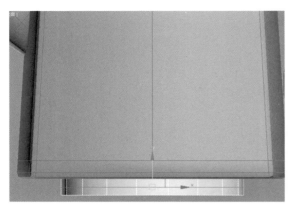
图2-60 底座制作（二）

图2-61 底座制作（三）

（8）在工具栏中【选择并移动】 工具，在坐标状态栏中将【X】和【Z】改为0。在【修改器列表】中执行【涡轮平滑】命令，【迭代次数】为2，选中所有的多边形以更改颜色。茶壶的最终效果图2-62所示。

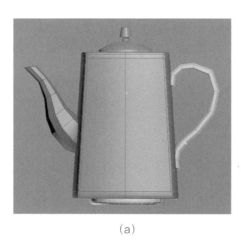
（a）

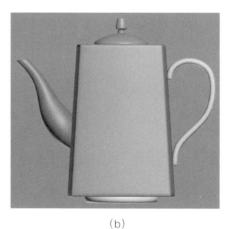
（b）

图2-62 茶壶的最终效果图

四、白瓷瓶建模

白瓷瓶的制作过程是先创建圆柱体，然后执行【转换成可编辑多边形】命令进行修改，具体建模步骤如下。

（1）启动3ds Max 2015，单击【创建】 →【几何体】 →【圆柱体】 圆柱体 按钮，在【顶视图】创建一个圆柱体，半径为36.716 mm，高度为170.418 mm，高度分段为5，端面分段为1，边数为12，参数及尺寸如图2-63所示。

（2）瓷瓶形态的调整。

①对圆柱体执行【转换为可编辑多边形】命令，按【1】键，进入【顶点】子层级，在工具栏选择【选

择并均匀缩放】 工具和【选择并移动】 工具，调整瓶子的形态，如图 2-64 所示。

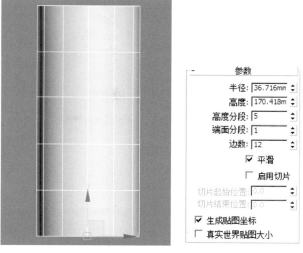

图 2-63　参数及尺寸

②按【2】键，进入【边】 子层级，选中瓶颈的边，单击【连接】 连接 按钮，添加一圈边，用工具栏中的【选择并均匀缩放】 工具调节，用同样的方法添加边线，调节瓷瓶的形态，如图 2-65 所示。

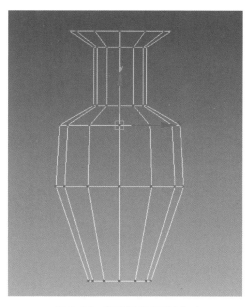

图 2-64　瓷瓶形态的调整（一）

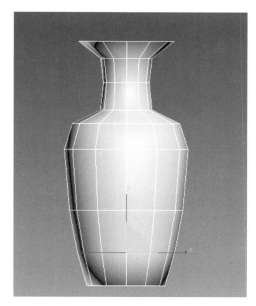

图 2-65　瓷瓶形态的调整（二）

（3）瓶口的制作。

①按【4】键，进入【多边形】 子层级，选中瓶口顶部的多边形，单击【插入】 插入 按钮，插入量为 2.362 mm，再单击【倒角】 倒角 按钮，参数如图 2-66 所示。

②同样的方法，再次倒角的参数如图 2-67（a）所示。按【2】键，进入【边】 子层级，在瓶口处加一圈线，用工具栏中的【选择并移动】 工具，调整瓶口的形态，效果如图 2-67（b）所示。

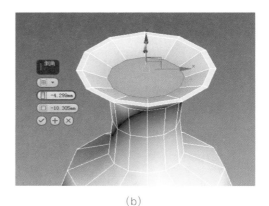

(a)　　　　　　　　　　　　　　　　(b)

图 2-66　瓶口的制作（一）

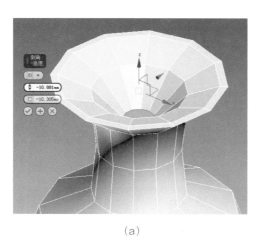

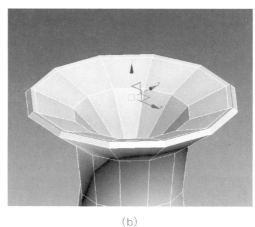

(a)　　　　　　　　　　　　　　　　(b)

图 2-67　瓶口的制作（二）

（4）分别选择瓶颈、瓶底的线圈，用【连接】 连接 ▢ 命令连接一圈边，如图 2-68 所示。

（5）按【1】键，进入【顶点】 ▨ 子层级，对瓷瓶的形态进行细致的调整，然后在【修改器列表】中执行【涡轮平滑】命令，【迭代次数】设置为 1。瓷瓶的最终效果图如图 2-69 所示。

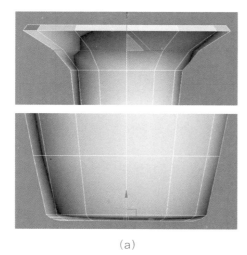

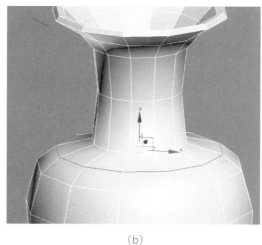

(a)　　　　　　　　　　　　　　　　(b)

图 2-68　形态调整

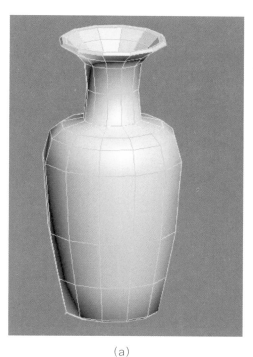
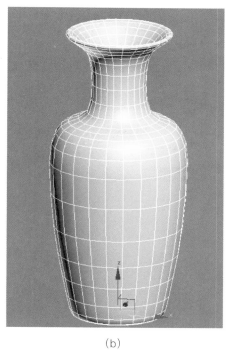

(a)　　　　　　　　　　　　　　　　　(b)

图 2-69　瓷瓶的最终效果图

五、桶的建模

桶的建模分两步完成，即桶身建模和把手建模。建模过程中，主要运用【创建】、【圆柱体】和【线】命令，然后执行【转换成可编辑多边形】命令进行修改，最后完成桶的制作。具体建模步骤如下。

（1）启动 3ds Max 2015，单击【创建】 → 【几何体】 → 【圆柱体】 按钮，在【顶视图】创建一个圆柱体，半径为 300 mm，高度为 600 mm，高度分段为 1，端面分段为 1，边数为 8，再回到工具栏选择【选择并移动】 工具，在坐标状态栏中把【X】、【Y】、【Z】改为 0，参数及尺寸如图 2-70 所示。

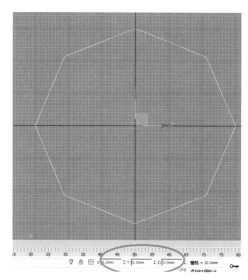

图 2-70　参数调整

（2）桶的形态调整。

①对圆柱体执行【转换为可编辑多边形】命令，按【1】键，进入【顶点】 子层级，运用工具栏中的【选择并均匀缩放】 工具和【选择并移动】 工具，调整桶的形态，如图2-71所示。

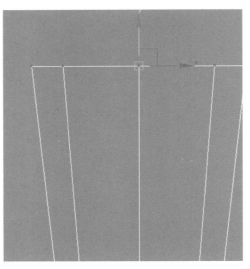

图 2-71　桶的形态调整（一）

②按【4】键，进入【多边形】 子层级，删除顶部的多边形。按【3】键，进入【边界】 子层级，选中顶部的边界，选择工具栏中的【选择并均匀缩放】 工具，按住【Shift】键并使用【缩放】工具，会在边界的基础上生成平面，选中工具栏中的【选择并移动】 工具，按住【Shift】键向下移动，生成卷边的效果，如图2-72所示。

 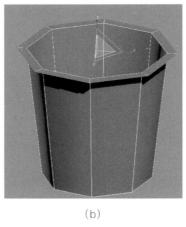 

（a）　　　　　　　　　　（b）　　　　　　　　　　（c）

图 2-72　桶的形态调整（二）

③选中桶口最内侧的一圈边线，单击【切角】 切角 □ 按钮，参数如图2-73（a）所示。使用同样的方法，选择桶口外侧的一圈边线，单击【切角】按钮，参数如图2-73（b）所示。

④运用【环形】 环形 ⬍ 按钮，选中图2-74中的边，运用【连接】 连接 □ 按钮连接，按【1】键，回到【顶点】 子层级，选中最底下的顶点，用【选择并均匀缩放】 工具进行调整。

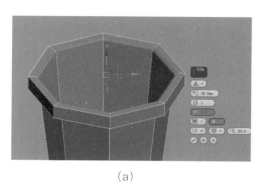 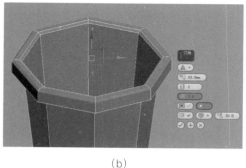

（a）   （b）

图 2-73 桶的形态调整（三）

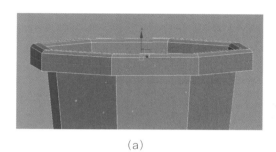 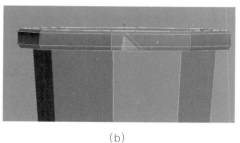

（a）   （b）

图 2-74 桶的形态调整（四）

⑤按【4】键，回到【多边形】▤ 子层级，选中视图中最底下的面，运用【插入】 插入 □ 命令，插入量参数为 22 mm。然后单击【挤出】 挤出 □ 按钮，挤出量设置为 −15 mm。将底部的面先删除，再按【3】键，进入【边界】◉ 子层级，按住【Shift】键并使用【缩放】工具拖出一层边，然后使用【塌陷】 塌陷 命令将边界围合起来，如图 2-75 所示。

（3）桶的把手制作。

①进入【顶视图】，单击【创建】◆ →【图形】◎ →【线】 线 按钮，绘制一条把手模样的线段。进入【修改】◢ 面板，按【1】键，进入【顶点】⁙ 子层级，进行调整。然后进入【渲染】子层级，勾选【在渲染中启用】☑ 在渲染中启用 和【在视口中启用】☑ 在视口中启用 ，并设置【矩形】 ◉ 矩形 参数，如图 2-76 所示。

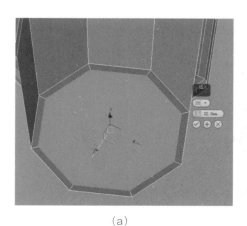 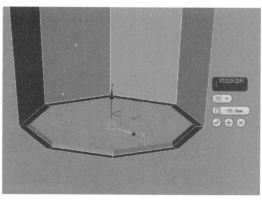

（a）   （b）

图 2-75 桶的形态调整（五）

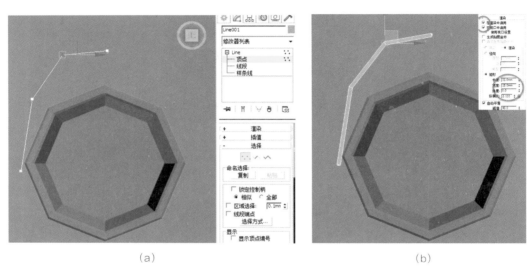

(c)   (d)

续图 2-75

(a)   (b)

图 2-76　桶的把手制作（一）

②选中把手并执行【转换为可编辑多边形】命令，为了方便调节，在【修改器列表】中执行【对称】命令，选中子菜单【镜像】 ⋈ 进行移动，再进入【可编辑多边形】的【顶点】 ⬚ 子层级，勾选【显示最终效果开 / 关切换】 ⫿ ，效果如图 2-77 所示。

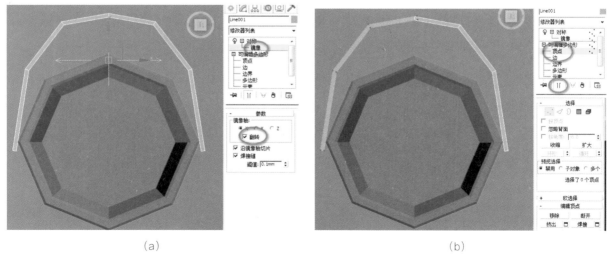

(a)   (b)

图 2-77　桶的把手制作（二）

③按【4】键，进入【多边形】■ 子层级，选中图中的多边形，单击【挤出】 按钮，选择【局部法线】，参数为 22 mm，如图 2-78 所示。

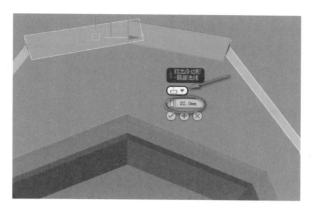

图 2-78　桶的把手制作（三）

④使用【连接】 命令连接把手上的线，进入【顶点】 子层级，调节把手的形状。再进入【多边形】■ 子层级选中图 2-79 中所示的面，单击【挤出】 按钮，参数为 22 mm。

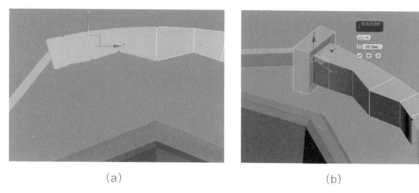

（a）　　　　　　　　　　　　　　　　（b）

图 2-79　桶的把手制作（四）

⑤回到【边】 子层级，选中图 2-80 的边，按住【Ctrl】键并使用【移除】 按钮。进入【边】 子层级，使用【连接】 按钮增加线并调整形态。

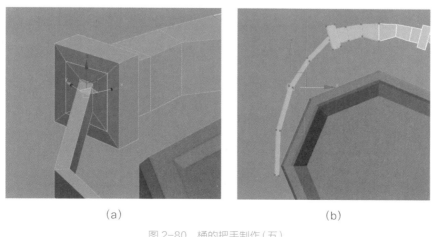

（a）　　　　　　　　　　　　　　　　（b）

图 2-80　桶的把手制作（五）

⑥回到【边】 ✎ 子层级，在图 2-81（a）所示的位置加线，然后在把手位置选中图 2-81（c）所示的一圈边，使用【切角】 切角 ▫ 按钮加线。

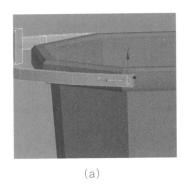

(a)

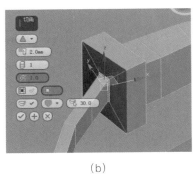

(b)

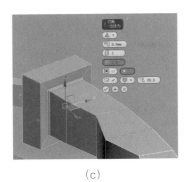

(c)

图 2-81 桶的把手制作（六）

（4）回到桶身的模型上面，双击桶身底部的线，选中一圈线，执行【切角】 切角 ▫ 命令，参数如图 2-82 所示，在桶身底部再添加一圈线，让桶更加平滑。

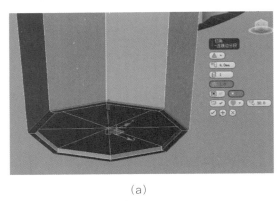

(a)

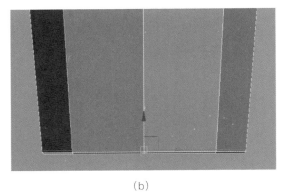

(b)

图 2-82 调整桶身底部

（5）单击【创建】 ⚙ →【几何体】 ◯ →【圆柱体】 圆柱体 按钮，在把手末端创建一个圆柱体，作为桶身和把手的活动按钮，半径为 10 mm，高度为 33 mm，端面分段为 2，边数为 8，如图 2-83 所示。

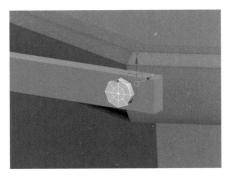

图 2-83 创建桶身和把手的活动按钮

（6）按【1】键，进入【顶点】 ⬚ 子层级，对桶的形态进行细致的调整，然后在【修改器列表】

中执行【涡轮平滑】命令，【迭代次数】设置为 1，桶的最终效果如图 2-84 所示。

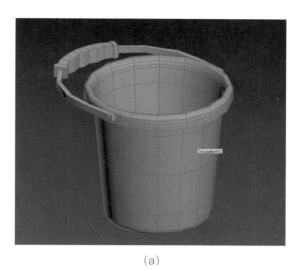

(a)

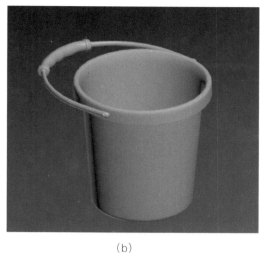

(b)

图 2-84　桶的最终效果图

　　本章在最后增加一个扩展学习案例——塔的建模，建模视频可扫码观看，源文件可扫下方的二维码下载。

扫码看塔的建模视频　　　　扫码下载塔的建模源文件

本 / 章 / 小 / 结

　　本章重点介绍了多边形建模。通过对基本模型建模步骤的讲解，读者可以了解到模型的制作原理、模型结构、细节处理等，并学习建模过程中经常使用的命令，为后面的实战模型制作打下基础。

第三章

战斧模型制作

道具的制作在三维动画建模中是非常重要的。造型美观的道具会被玩家津津乐道。游戏道具直接影响着游戏的整体质量（图 3-1）。本章通过战斧模型的制作实例介绍游戏道具的制作方法。

(a)

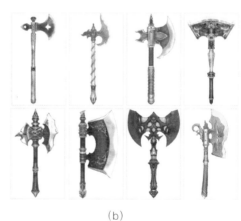

(b)

图 3-1 游戏道具展示

在制作一个战斧模型之前，我们尽量多找一些不同造型的战斧，这样可以有选择地去制作（图 3-2）。

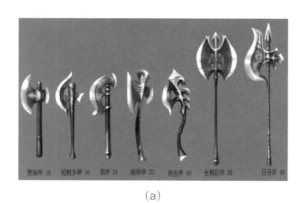

(a)

(b)

图 3-2 不同造型的战斧

下面我们以图3-3所示的战斧造型进行建模。该战斧由斧头、斧柄、斧尾三部分组成。斧头、斧尾为金属材质，且斧头有装饰；斧柄为木头材质，且斧柄上系有红线。

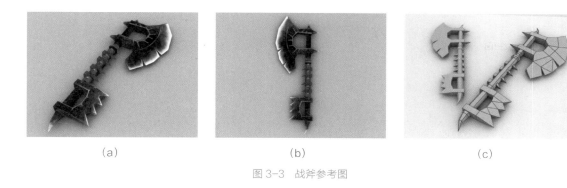

(a)　　　　　　　　　　(b)　　　　　　　　　　(c)

图3-3　战斧参考图

第一节　战斧模型的创建

（1）导入战斧参考图。

①将原画导入参考图。将原画作为参考，包括适配原画图片和冻结原画所在的模型等步骤。适配原画主要是为了有足够明确的参考，以便于绘制样条线，从而准确地创建模型。

②启动3ds Max 2015，然后选择菜单栏中的【自定义】→【单位设置】命令，在弹出的【单位设置】对话框中单击【公制】按钮，再从下拉列表框中选择【毫米】选项。然后单击【系统单位设置】按钮，在弹出的【系统单位设置】对话框中将【系统单位比例】设为1单位=1毫米，单击【确定】按钮，从而完成系统单位的设置（图3-4）。

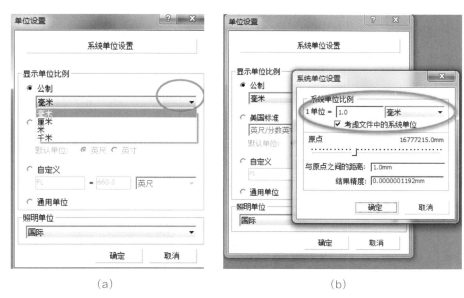

(a)　　　　　　　　　　(b)

图3-4　单位设置

③单击【创建】 → 【几何体】 → 【平面】 平面 按钮，在【前视图】中创建一个平面，长度为451 mm，宽度为219 mm，长度分段和宽度分段均为1。在工具栏中单击【选择并移动】

工具，在状态栏中将【X】、【Y】、【Z】的数值设为0（图3-5）。

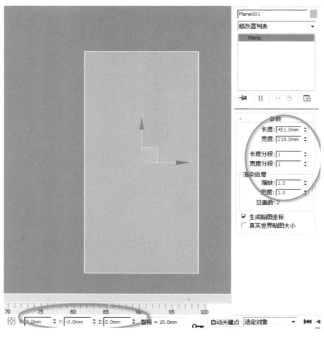

图3-5　创建平面

④按【M】键，打开【材质编辑器】，选择一个材质球，再单击【将材质指定给选定对象】 按钮，赋予平面一个默认材质球。单击【漫反射】右侧的方框，在弹出的菜单中选择【位图】，单击【确定】按钮。最后在弹出的对话框中找到战斧参考图，单击【打开】按钮，完成原画参考图的导入，具体过程如图3-6所示。

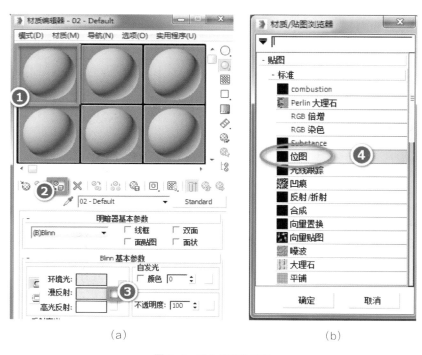

（a）　　　　　　　　　　　　（b）

图3-6　导入战斧参考图

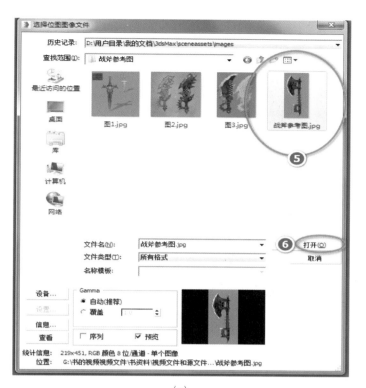

(c)

续图 3-6

⑤冻结赋予的原画贴图模型。单击【材质编辑器】对话框中的【视口中显示明暗处理材质】 按钮，得到显示贴图效果如图 3-7 所示。关闭【材质编辑器】对话框，单击【命令面板】处的【显示】 按钮，展开【显示属性】卷展栏，再取消勾选【以灰色显示冻结对象】复选框。接着展开【冻结】卷展栏，单击【冻结选定对象】按钮，即可看到已经冻结并能够正常显示贴图的平面模型，效果如图 3-8 所示。

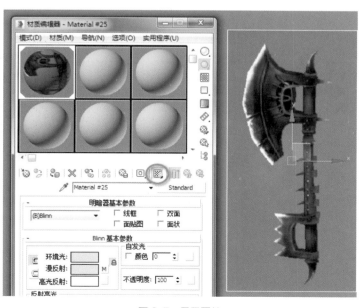

图 3-7　显示图片

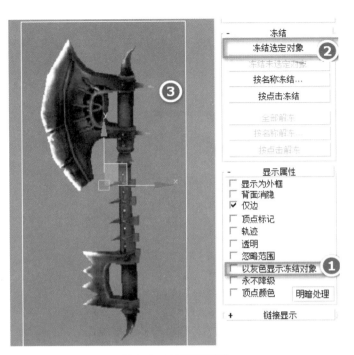

图 3-8　冻结平面模型

（2）斧头建模。

①使用【创建】 ◈ →【图形】 ◎ →【线】 ▢ 线 命令，在【前视图】上用直线勾勒出斧头的大体轮廓，先不要考虑斧头的细节，尽量将顶点设在转折性的关键点上，顶点的数量越精简越好。选择【修改】面板，选择【Line】，在展开的下拉菜单选择【顶点】，按照战斧参考图调整顶点，最终画出斧头轮廓（图 3-9）。

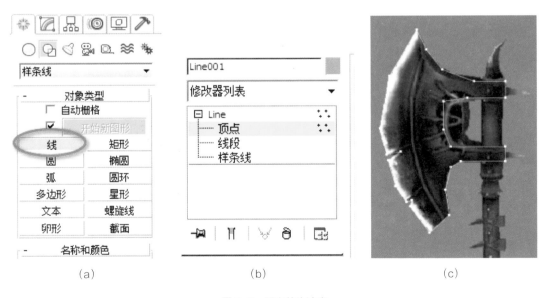

(a)　　　　　　　　　　(b)　　　　　　　　　　(c)

图 3-9　画出斧头轮廓

②在【修改器列表】中对侧面图形执行【挤出】 挤出 ▢ 命令，参数为 20 mm，将其挤压成三维形体，并按【F4】键显示线框，如图 3-10 所示。

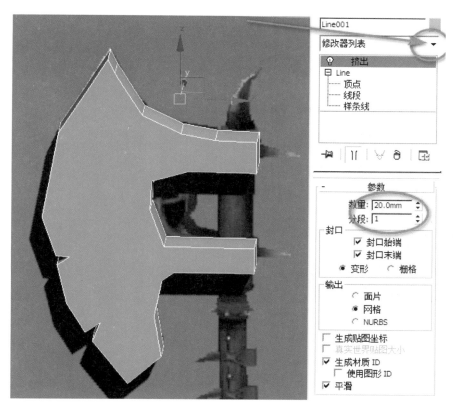

图 3-10　对侧面图形执行【挤出】命令

③现在斧头的基本造型已经完成，接下来要对模型加线。先对挤压出的三维形体单击鼠标右键，选择【转换为】→【转换为可编辑多边形】，进入【顶点】 子层级，在【编辑几何体】栏中选择【切割】 切割 命令进行切线，背面也是这样切线，如图 3-11 所示。

④目前斧头有刃的一端是面，而不是锋利的边，下面需要将其从一个面处理为一条边。进入【顶点】 子层级，选择刃一端的两个点，然后在【编辑几何体】栏中选择【塌陷】 塌陷 命令，从而将两个点合并为一个点，这样斧刃的锋利感就体现出来了，如图 3-12 所示。

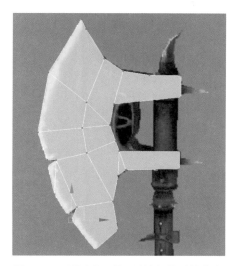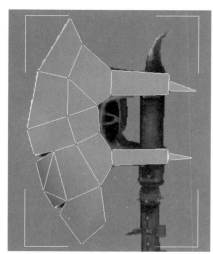

图 3-11　对挤出的三维形体执行【切割】命令　　　　图 3-12　形成斧刃的锋利感

⑤参照战斧参考图在斧头后面加两个尖角，进入【多边形】■ 子层级，分别选择两个面，在【编辑多边形】中选择【插入】 插入 □ 命令，插入量为 6 mm，如图 3-13（a）所示。然后选择【挤出】 挤出 □ 命令，如图 3-13（b）所示，再进入【顶点】 ∷ 子层级，选择挤出来的点，再使用【塌陷】 塌陷 命令，如图 3-13（c）所示，这样斧头的模型就基本完成了。

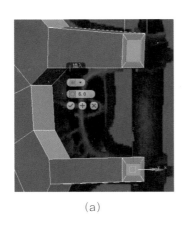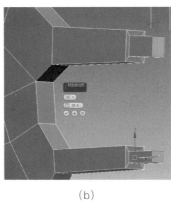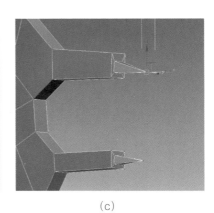

（a）　　　　　　　　　　　（b）　　　　　　　　　　　（c）

图 3-13　在斧头后面加两个尖

（3）斧柄建模。

斧柄建模之前，选中斧头，单击鼠标右键选择【隐藏选定对象】命令隐藏斧头，如图 3-14 所示。思路是先创建一个圆柱体，然后对其进行修改，从而得到斧柄模型。

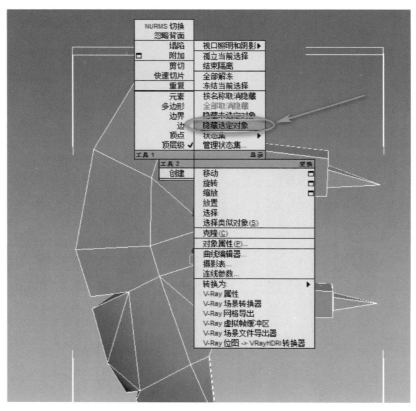

图 3-14　隐藏斧头

①在【前视图】中点击【圆柱体】 圆柱体 ，在【修改】面板中调整圆柱体的大小并设置边数为 6，从而得到想要的斧柄雏形，如图 3-15 所示。

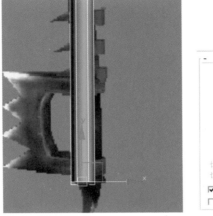

图 3-15　创建圆柱体

②对圆柱体添加【编辑多边形】命令，将其转化为可编辑多边形。进入【多边形】■ 子层级，选择向上的面，使用【倒角】 倒角 □ 命令在面上挤压，然后使用【挤出】 挤出 □ 命令继续挤压，反复使用【倒角】和【挤出】命令，即可创建出斧柄的上面部分（图 3-16）。

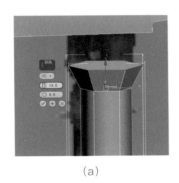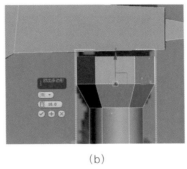

(a)　　　　　　　　　　(b)　　　　　　　　　　(c)

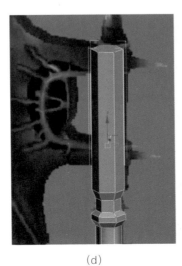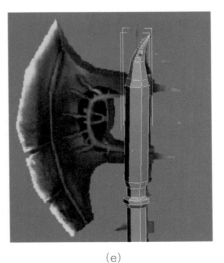

(d)　　　　　　　　　　　(e)

图 3-16　创建出斧柄的上面部分

③斧柄的下面部分也是使用【倒角】 倒角 □ 和【挤出】 挤出 □ 命令反复挤压得出的。它的顶面和底面各有一个尖角，可以通过【塌陷】 塌陷 命令来完成。斧柄模型的主体部分如图 3-17 所示。

图 3-17　斧柄模型的主体部分

④选择【创建】 ☼ →【图形】 ⬡ →【线】 线 ，在【前视图】上根据战斧参考图绘制出小木钉轮廓。然后选择【修改】面板，选择【Line】，展开下拉菜单选择【顶点】，按照战斧参考图调整顶点位置，在【修改器列表】中为侧面图形添加【挤出】 挤出 □ 命令，修改挤出【数量】为20，将其挤压成锥形体，如图 3-18 所示。

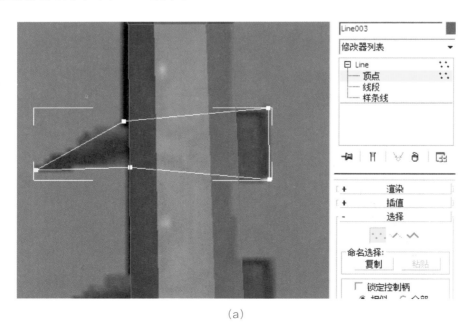

(a)

图 3-18　创建小木钉

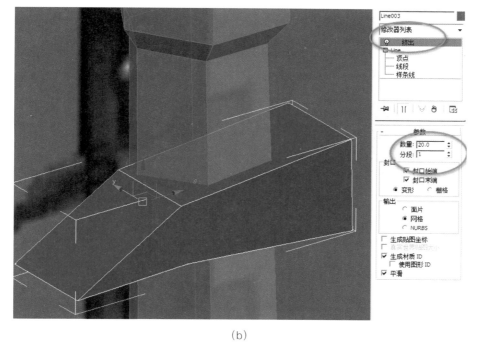

(b)

续图 3-18

⑤对小木钉添加【编辑多边形】命令，将其转换为可编辑多边形。进入【顶点】 ⬛ 子层级，选择图 3-19 中的顶点，单击鼠标右键，使用【连接】 连接 ☐ 命令加线。选择小木钉，进入【顶点】 ⬛ 子层级，选中小木钉前面的两个点，执行【塌陷】 塌陷 命令，如图 3-20 所示。最后，选择小木钉并按住【Shift】键和【选择并移动】 ✛ 按钮向下复制 3 个小木钉（图 3-21）。

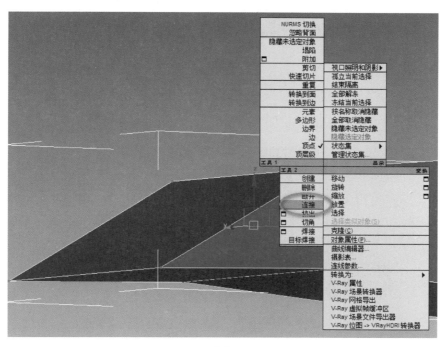

(a)

图 3-19　使用【连接】命令加线

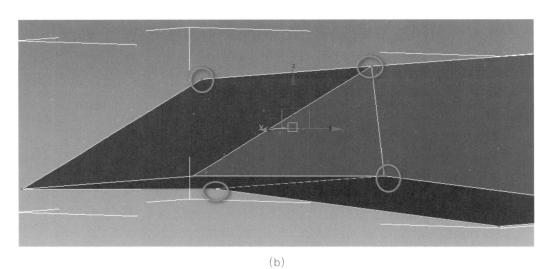

（b）

续图 3-19

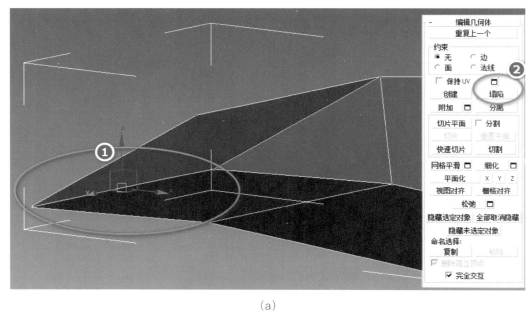

（a）

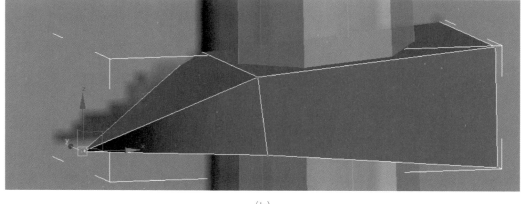

（b）

图 3-20　对小木钉前面两个点执行【塌陷】命令

图 3-21　复制 3 个小木钉

（4）斧尾建模。

①在【前视图】上，选择【创建】⚙ →【图形】⚙ →【线】［ 线 ］，根据战斧参考图画出斧尾轮廓。在【修改器列表】中为侧面图形添加【挤出】［ 挤出 ▫ ］命令，修改挤出【数量】为 35，如图 3-22 所示。

②斧尾向外有 4 个尖角，添加【编辑多边形】命令，将其转换为可编辑多边形。进入【边】⚑ 子层级，使用【切割】［ 切割 ］命令分割斧尾的布线。再进入【顶点】⚫ 子层级，分别选择顶点，再选择【塌陷】命令，这样 4 个尖角的锋利感就有了，效果如图 3-23 所示。

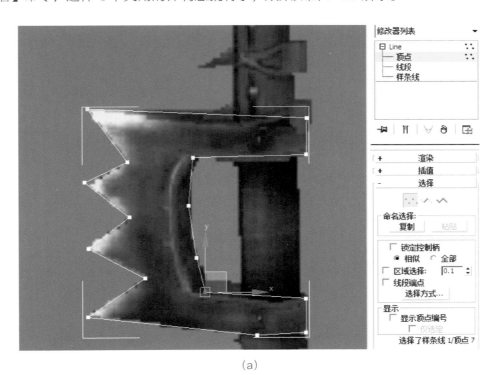

（a）

图 3-22　画出斧尾轮廓

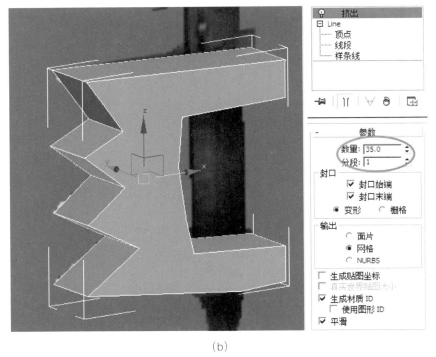

74

(b)

续图 3-22

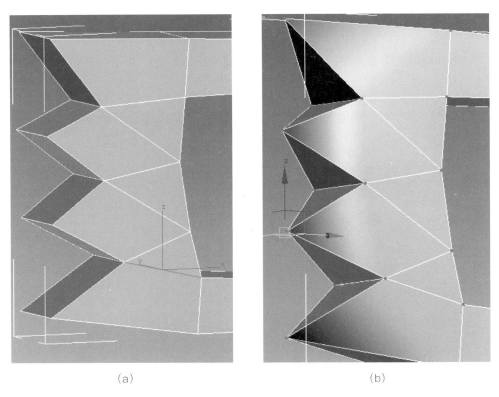

(a)　　　　　　　　　　(b)

图 3-23　制作斧尾向外的 4 个尖角

　　③根据战斧参考图将斧尾装配到正确的位置，并注意大小比例关系，调整完后关掉参考图。至此整个战斧的模型基本完成，如图 3-24 所示。

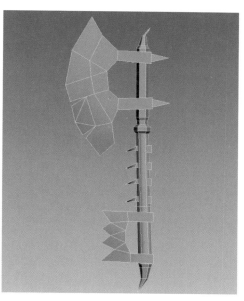

图 3-24　战斧模型基本完成

第二节　战斧模型的 UVW 展开

（1）在【修改器列表】中为战斧模型添加【UVW 展开】命令，单击【UVW 展开】下的【打开 UV 编辑器】　打开UV 编辑器 …　按钮，弹出【编辑 UVW】窗口。当前的【编辑 UVW】窗口有很多棋盘格的显示，如图 3-25 所示。

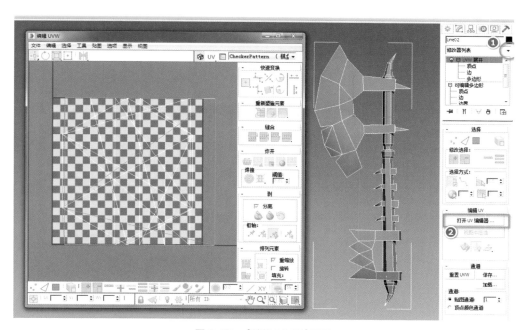

图 3-25　【编辑 UVW】窗口

（2）在【UVW 展开】界面中，找到【选择】卷展栏下的【选择方式】，单击【忽略背面】按钮。单击【UVW 展开】，单击【多边形】图标，框选所有模型。单击【打开 UV 编辑器】

打开UV编辑器……，左键按住【对齐快速平面贴图：基于面的平均法线】 按钮不放，选择 ，单击【快速平面贴图】 图标，如图3-26所示。

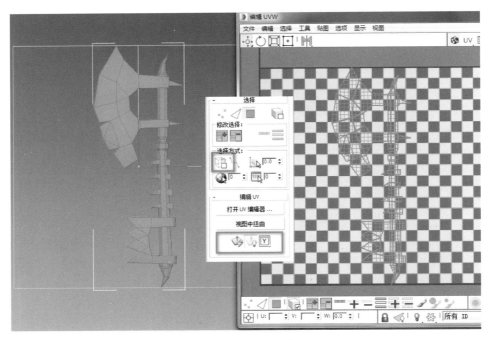

图3-26　【编辑UVW】窗口

（3）斧头的UVW展开。

①进入【多边形】 子层级，选择视图中斧头的面，单击【修改】面板下的【快速平面贴图】 ，对选中区域进行快速平面贴图，如图3-27所示，用同样的方法对斧头背面的多边形进行快速平面贴图。在【编辑UVW】窗口左上方，单击【缩放选定的子对象】 按钮，激活缩放功能，缩小斧头所占面积后，将其移动到马赛克方框内，如图3-28所示。

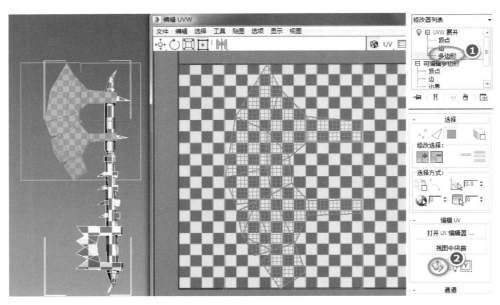

图3-27　对斧头进行快速平面贴图

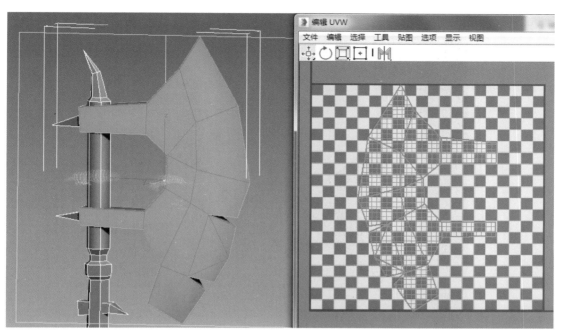

图 3-28 缩小斧头所占面积并移动到马赛克区域

②选中斧头上最右边的面，单击【修改】面板下的【快速平面贴图】 ，再把两个面重叠放到棋盘格左下角，如图 3-29 所示。然后依次选中斧头的尖角进行快速平面贴图，对四个角进行重叠摆放，方向不一致的可以用【垂直镜像选定的子对象】 或【水平镜像选定的子对象】 进行处理，最终效果如图 3-30 所示。

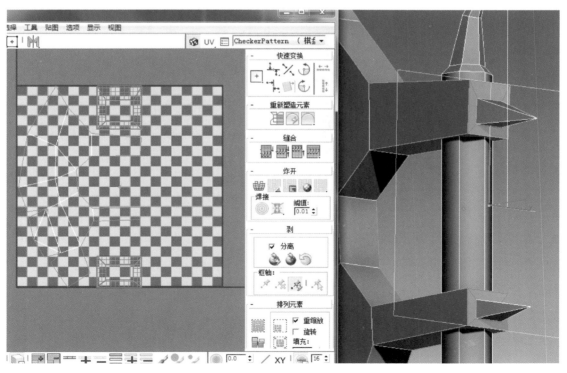

图 3-29 对斧头上最右边的面进行快速平面贴图

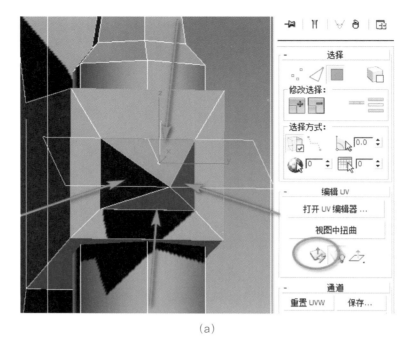

(a)

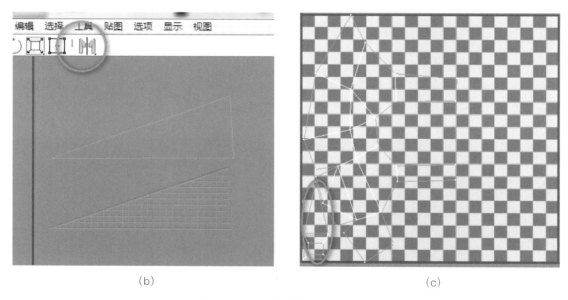

(b)　　　　　　　　　　　　　　　　(c)

图 3-30　对斧头的尖角进行快速平面贴图

　　③同样的方法，对斧头上细碎的零件进行 UVW 展开。选中斧头缺口的多边形，分别进行快速平面贴图，如图 3-31 所示。然后将四个展好的 UV 重叠在一起，效果如图 3-32 所示。选择斧头最上面的 3 个多边形进行快速平面贴图。然后单击鼠标右键，选择【松弛】 松弛 命令，激活【松弛工具】面板后，选择【由多边形角松弛】，执行一次【开始松弛】命令后，再点击【停止松弛】，最后点击【应用】，如图 3-33 所示。用同样的方法对斧头底下的 4 个多边形进行展开，然后再用【编辑 UVW】窗口上的【缩放选定的子对象】 🔲 工具和【移动选定的子对象】 ✛ 工具进行调整，然后和上面的 UV 重叠在一起（这两个形状大致相同且不是主要的，所以重叠在一起是允许的），效果如图 3-34 所示。

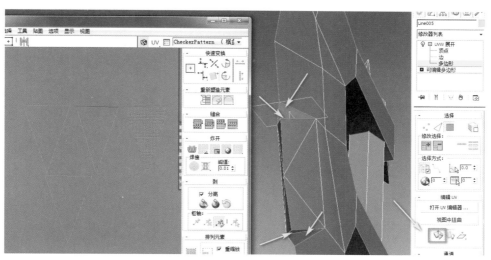

图 3-31　对斧头缺口进行快速平面贴图

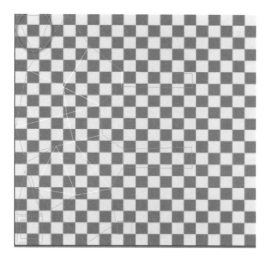

图 3-32　将四个展好的 UV 重叠在一起

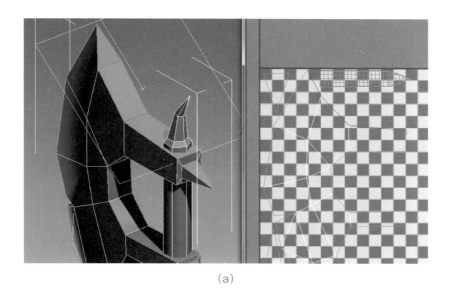

(a)

图 3-33　对斧头最上面的 3 个多边形进行快速平面贴图

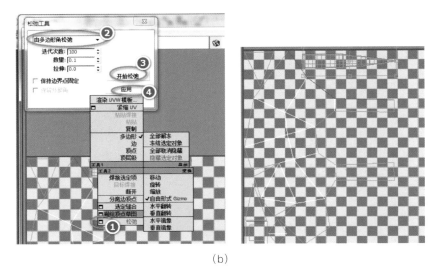

(b)

续图 3-33

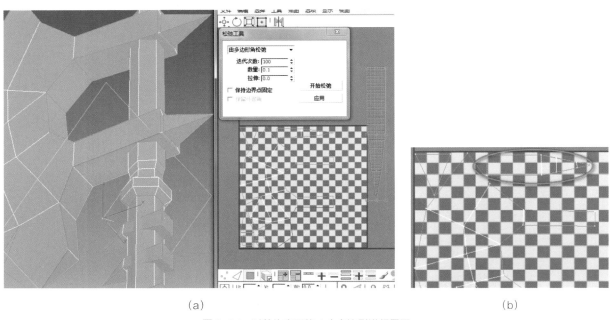

(a)   (b)

图 3-34　对斧头底下的 4 个多边形进行展开

④选择图 3-35 所示的斧头侧面，在【UVW 展开】面板中选择【对齐快速平面贴图：与对象的局部 Z 垂直】■ 命令，然后执行【快速平面贴图】■ 命令，把展好的 UV 用【编辑 UVW】窗口上的【缩放选定的子对象】■ 工具和【移动选定的子对象】■ 工具进行调节，效果如图 3-35 所示。用同样的方法对图 3-36 所示的面进行展开，并重叠在一起。

（4）斧柄的 UVW 展开。

①斧柄可以分五段展开。首先，对中间段进行展开。进入【UVW 展开】的【修改】面板，选择【多边形】子层级，选中图 3-37 所示的圆柱多边形，在【投影】卷展栏中选【柱形贴图】■，再点击【适配】 ■■（注意，适配完成后再点击一次【柱形贴图】），步骤如图 3-37 所示。

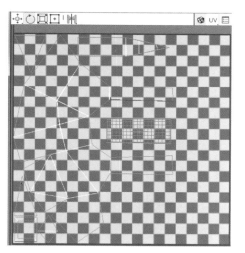

(a)

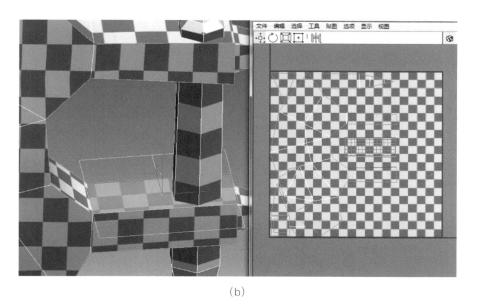

(b)

图 3-35　对斧头侧面进行展开

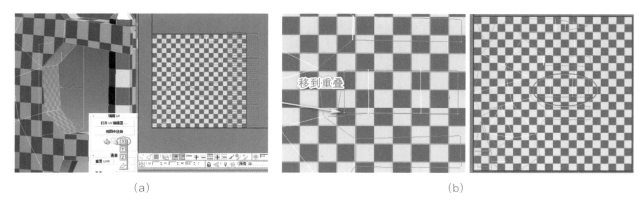

(a)　　　　　　　　　　　　　　　　　　　　(b)

图 3-36　继续展开其他的面

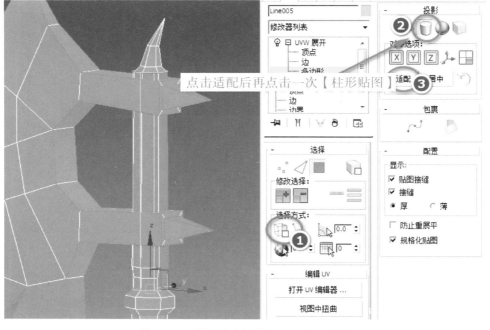

图 3-37　对斧柄的上部进行 UVW 展开（一）

②选中【编辑UVW】窗口中的UV，单击鼠标右键选择【松弛】 █████ 松弛 命令，弹出【松弛工具】对话框，在下拉菜单中选择【由多边形角松弛】，点击【开始松弛】，然后点击【应用】按钮，效果如图 3-38 所示。再把松弛后的 UV 通过【缩放选定的子对象】 █ 工具和【移动选定的子对象】 ▓ 工具放置在棋盘格内，效果如图 3-39 所示。

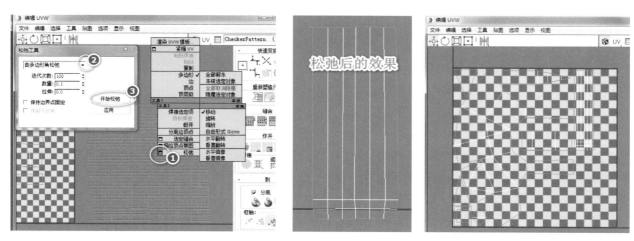

图 3-38　对斧柄上部进行 UVW 展开（二）　　　　　　图 3-39　对斧柄上部进行 UVW 展开（三）

③按照上面的方法，选中图 3-40（a）所示的多边形，在【投影】卷展栏中选【柱形贴图】 █，点【适配】 适配 按钮，再通过【松弛】命令调整 UV，放置在棋盘格中，最终效果如图 3-40（b）所示。

④参照斧柄上部的展开方法，对斧柄下部的圆柱进行 UVW 展开，效果如图 3-41 所示。

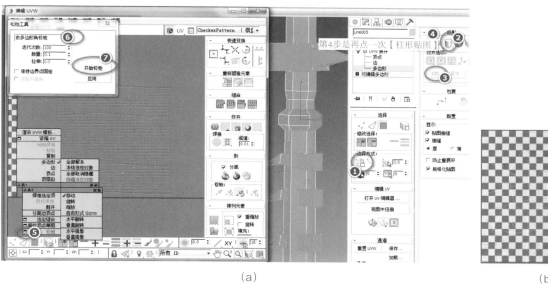

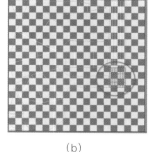

（a）   （b）

图 3-40　对斧柄上部进行 UVW 展开（四）

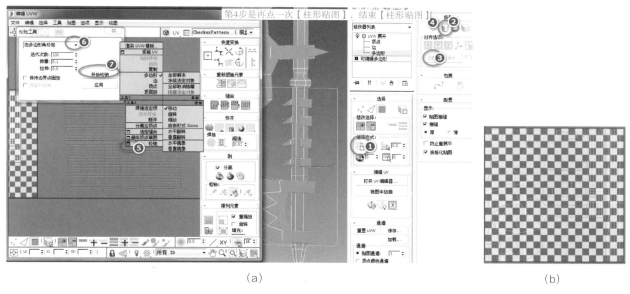

（a）   （b）

图 3-41　对斧柄下部进行 UVW 展开

⑤对斧柄上下两个尖角进行 UVW 展开，进入【UVW 展开】的【修改】面板，选择【多边形】子层级，选中斧柄上部的尖角，在【投影】卷展栏中选【柱形贴图】 🛢，再点击【适配】 适配 按钮（注意：适配完成后再点一次【柱形贴图】），效果如图 3-42 所示。

⑥把展开的斧柄上部尖角部分的 UV 放在棋盘格内，在展开的 UV 内侧有部分 UV 是绿色线显示，说明有断开的顶点。那么，我们选中与绿色线有关联的顶点，单击鼠标右键选择【焊接选定项】 焊接选定项 就可以把断开的顶点融合在一起，绿色线也随之消失了，如图 3-43 所示。

⑦单击鼠标右键选择【松弛】 松弛 按钮，弹出【松弛工具】对话框，在下拉菜单中选择【由多边形角松弛】，点击【开始松弛】按钮，然后点击【应用】按钮，如图 3-44 所示。

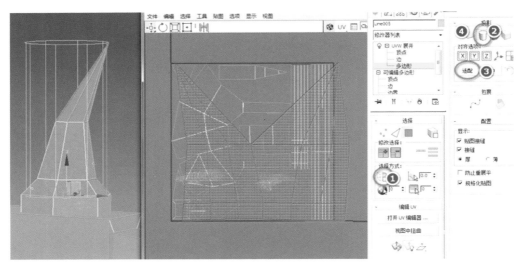

图 3-42　对斧柄上部的尖角进行 UVW 展开（一）

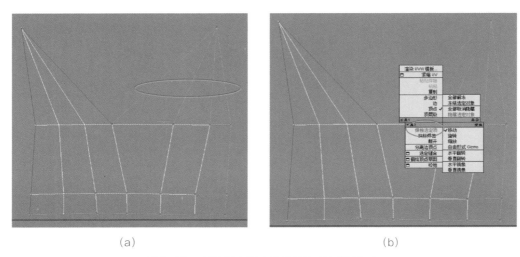

（a）　　　　　　　　　　　　　　　　　（b）

图 3-43　对斧柄上部的尖角进行 UVW 展开（二）

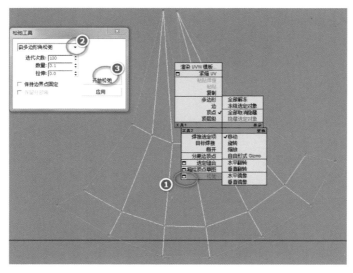

图 3-44　对斧柄上部的尖角进行 UVW 展开（三）

⑧选中上部尖角中一半的多边形，单击鼠标右键选择【断开】命令，断开一半的多边形，再用【垂直镜像选定的子对象】、【旋转选定的子对象】和【移动选定的子对象】等命令进行调整，效果如图 3-45 所示。

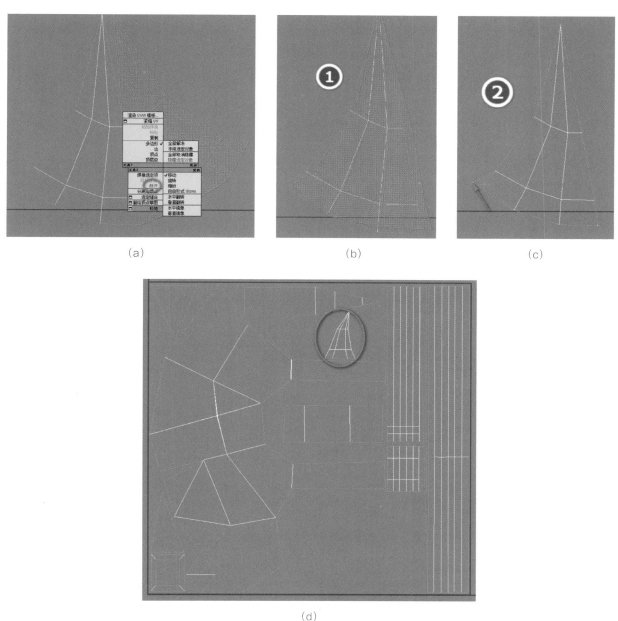

(a)　　　　　　　　(b)　　　　　　　　(c)

(d)

图 3-45　对斧柄上部的尖角进行 UVW 展开（四）

⑨用同样的方法对斧柄下部的尖角进行 UVW 展开，效果如图 3-46 所示。

⑩对小木钉进行 UVW 展开。进入【UVW 展开】的【修改】面板，选择【多边形】子层级，选中图 3-47（a）所示的多边形，在【编辑 UV】卷展栏选择【对齐快速平面贴图：与对象的局部 Y 垂直】，然后选择【快速平面贴图】，得到小木钉一侧的 UV，放置到空白处。使用同样的方法，把背侧的多边形展开，再将两个重叠在一起，摆放到【编辑 UVW】窗口内，效果如图 3-47（b）所示。

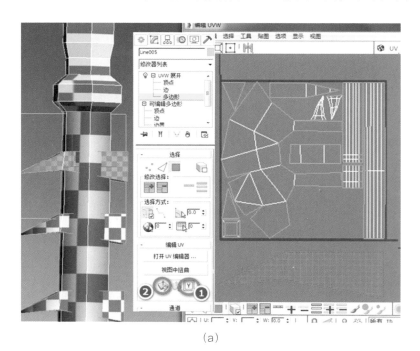

图 3-46　对斧柄下部尖角进行 UVW 展开

⑪选中小木钉最上面的多边形，然后在【编辑 UV】卷展栏选择【对齐快速平面贴图：与对象的局部 Z 垂直】，然后选择【快速平面贴图】，得到一块 UV，放置到合适的地方，效果如图 3-48 所示。再选中小木钉底部的多边形，执行【快速平面贴图】命令，得到小木钉底部的 UV，再将这块 UV 和上面的 UV 重叠在一起，摆放到【编辑 UVW】窗口内，效果如图 3-49 所示。

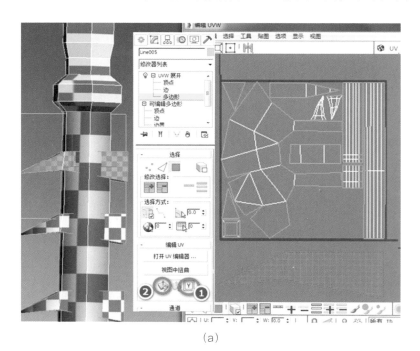

(a)

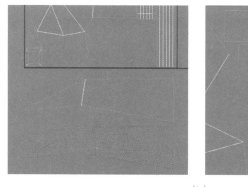

(b)

图 3-47　对小木钉进行 UVW 展开（一）

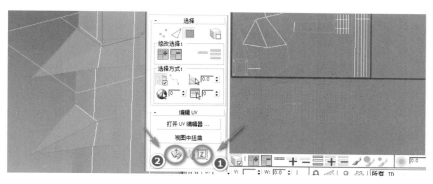

图 3-48　对小木钉进行 UVW 展开（二）

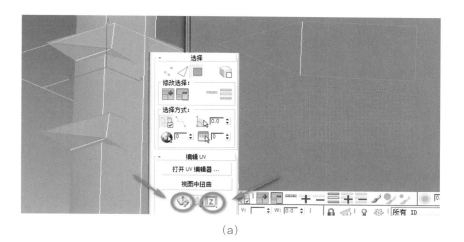

(a)

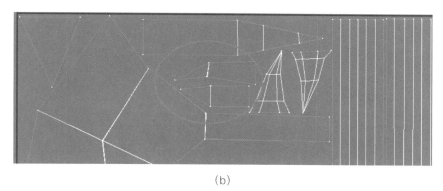

(b)

图 3-49　对小木钉进行 UVW 展开（三）

⑫选中小木钉后面的一个面，然后在【编辑 UV】卷展栏选择【对齐快速平面贴图：与对象的局部 X 垂直】▣，然后选择【快速平面贴图】🖐，得到一块 UV。在【编辑 UVW】窗口中选择【缩放选定的子对象】▣ 命令并将这块 UV 放置到图 3-50 的 UV 框内，效果如图 3-50 所示。

⑬小木钉的 UVW 展开完成。模型上是 4 个小木钉，我们只需要删除没有进行 UVW 展开的 3 个小木钉，用进行了 UVW 展开的小木钉模型复制出另外 3 个即可。具体方法如下：点击【UVW 展开】，单击鼠标右键并选择【塌陷全部】命令，在弹出的对话框中选择【是】；在【可编辑多边形】中选择【元素】子层级，再删除没进行 UVW 展开的小木钉；最后选择没被删除的小木钉，按住【Shift】键并使用【移动】工具，复制出另外 3 个小木钉，具体过程如图 3-51 所示。

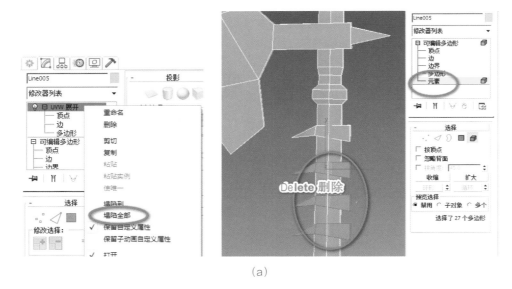

图 3-50　对小木钉进行 UVW 展开（四）

(a)

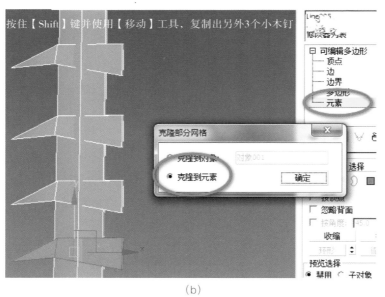

按住【Shift】键并使用【移动】工具，复制出另外3个小木钉

(b)

图 3-51　对小木钉进行 UVW 展开（五）

（5）斧尾的 UVW 展开。

①选择斧尾正反面，选择【对齐快速平面贴图：与对象的局部 Y 垂直】⊠，然后使用【快速平面贴图】⚙ 命令，再将展开的 UV 调整到【编辑 UVW】窗口内，效果如图 3-52 所示。

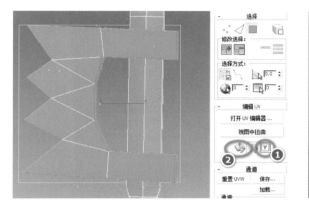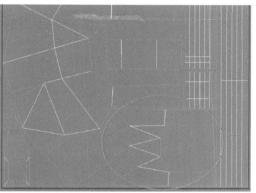

图 3-52　对斧尾正反面进行 UVW 展开

②选择斧尾分岔面，在【编辑 UV】卷展栏中选择【对齐快速平面贴图：与对象的局部 X 垂直】⊠，然后使用【快速平面贴图】⚙ 命令进行展开，对展开的 UV 执行【断开】命令，再重叠在一起放置在【编辑 UVW】窗口内，效果如图 3-53 所示。

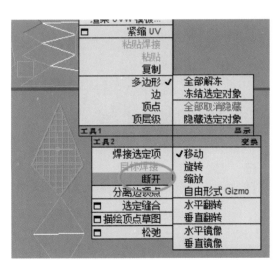

图 3-53　对斧尾分岔面进行 UVW 展开

③选择图 3-54 中斧尾显示红色的那个面，在【投影】卷展栏中使用【平面贴图】⊡ 方式展开，并单击【适配】适配 按钮，再点击一次【平面贴图】⊡ 命令，然后将展开的 UV 调整到【编辑 UVW】窗口内，效果如图 3-54 所示。用同样的方法分别对图 3-55 中所标示的另外 4 块多边形进行 UVW 展开，如图 3-55 所示。

④斧尾背面还有一个小面，如图 3-56 中的红色部分所示。在【编辑 UV】卷展栏中选择【对齐快速平面贴图：与对象的局部 X 垂直】⊠，然后使用【快速平面贴图】⚙ 命令展开，并将展开的 UV 放置在【编辑 UVW】窗口内，如图 3-56 所示。

图 3-54　对斧尾里面的 5 块多边形进行 UVW 展开（一）

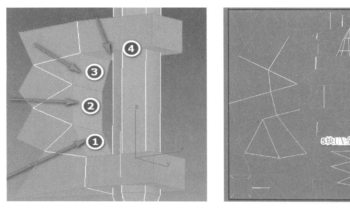

图 3-55　对斧尾里面的 5 块多边形进行 UVW 展开（二）

　　⑤还剩下斧尾上下两块多边形的 UVW 展开。选中上下两块多边形，在【编辑 UV】卷展栏中选择【对齐快速平面贴图：与对象的局部 Z 垂直】囨，然后使用【快速平面贴图】◈ 命令展开，移动两块 UV 的顶点使其重叠在一起，缩放后放置在【编辑 UVW】窗口内，具体过程如图 3-57 所示。至此，整个战斧的 UVW 展开就完成了。

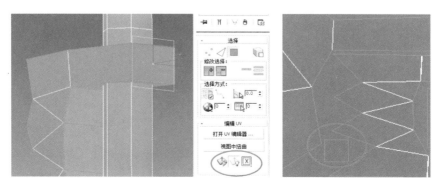

图 3-56　对斧尾背面的小面进行 UVW 展开

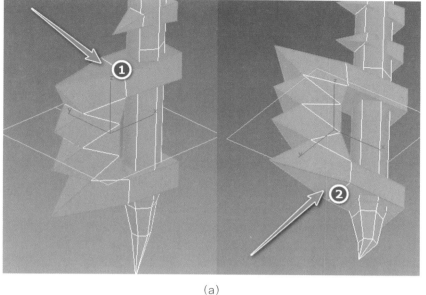

(a)

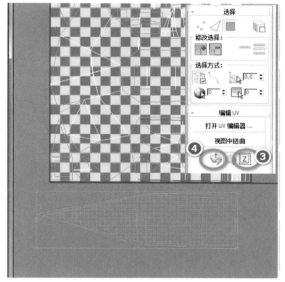
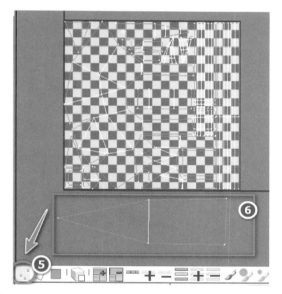

(b)

(c)

图 3-57 对斧尾上下两块多边形进行 UVW 展开

第三节 战斧模型的贴图绘制

（1）将全部模型展开后，点击【打开 UV 编辑器】，点击【工具】，选择【渲染 UVW 模板】 渲染 UVW 模板... ，弹出【渲染 UVs】对话框，设置【宽度】和【高度】为 1024。设置好后单击【渲染 UV 模板】 渲染 UV 模板 按钮，弹出【渲染贴图】窗口，点击窗口左上角的保存按钮，设置保存类型为 JPG 格式，文件名为"战斧贴图 .jpg"，最后点击【保存】按钮，如图 3-58 所示。

（2）运行 Photoshop 软件，在 Photoshop 软件中打开第二小节保存好的战斧的 UVW 展开图，如图 3-59 所示。

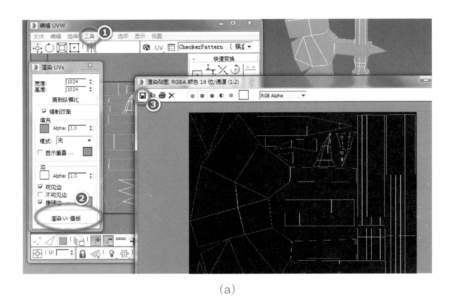

(a)

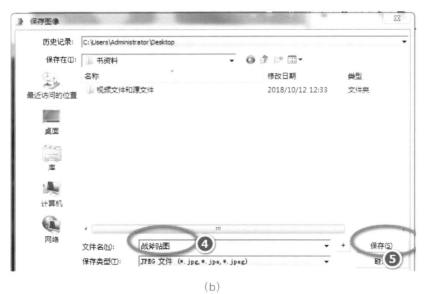

(b)

图 3-58 保存贴图文件

（3）打开 Photoshop 软件的【图层】面板，双击【背景】层，弹出【新建图层】对话框，保

存默认名称并单击【确定】按钮，这一步的作用是解除背景图层的锁定状态，在【图层 0】下面建立
一个新图层，即【图层 1】，如图 3-60 所示。

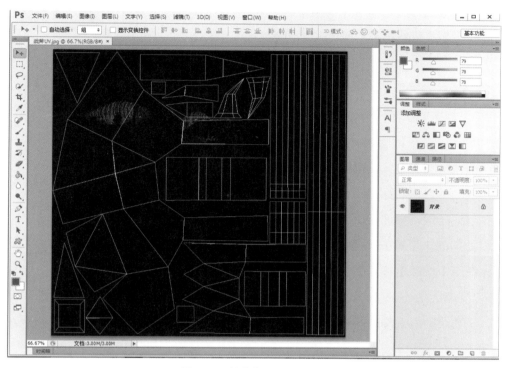

图 3-59　战斧的 UVW 展开图

（4）选择【图层 0】，使用【Ctrl】+【I】快捷键对图像进行反相处理，得到白底黑线的线框图，
将【图层 0】的模式改为【正片叠底】模式，这样在【图层 1】中绘制贴图的时候就不会被【图层 0】
遮挡。将【图层 0】的不透明度改为 40%，且【图层 0】要一直处于最上面，如图 3-61 所示。

（5）战斧贴图绘制的重点在于对铁器、金属、木头、软线的质感表现。贴图绘制的步骤如下。

①先在底色运用【加深】或【减淡】工具绘制出基本的明暗关系结构。

②新建一层绘制细节结构。

③新建一层绘制高光。

图 3-60　建立新图层

④进行最后的修改，绘制出铁器划痕，为战斧部分位置覆盖纹理等。

注：通过斧头的绘制掌握贴图绘制的步骤，绘制时要一直选择首尾虚边的笔尖，避免产生明显的笔触。适度建立图层，图层过多或过少，都会影响绘制效果。

（6）选择一种接近铁器、木头的颜色，为【图层1】填充，选择【加深】工具，并选择一种有虚边的笔尖。在贴图绘制中笔尖的选择很重要，笔尖选择不当会产生笔触感。贴图的绘制是要严格避免笔触感的。在以下的绘制中都要使用这种笔尖，不需要更换。将【加深】工具的【曝光度】设为10%，【范围】设为中间调，这样在绘制时不易产生明显的笔触，使用【加深】和【减淡】工具绘制贴图的明暗，效果如图3-62所示。

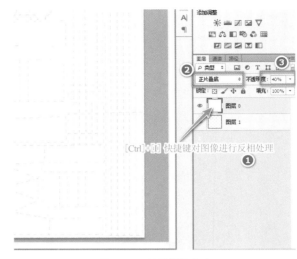

图3-61 设置图层状态

（7）斧头贴图绘制。在【图层1】上新建【图层2】，在【图层2】中使用很细的笔尖绘制出斧头的结构，不要绘制得太深。绘制的时候要注意铁器的整体感，在绘制时一般是以顶侧光为光源，把大体的明暗关系绘制出来，绘制的时候要注意避免画面发灰，只有使亮部真正亮起来，暗部真正暗下去，立体感才会强（图3-63）。

图3-62 绘制贴图的明暗

图3-63 斧头贴图绘制

注：通过斧头的绘制，我们可以掌握铁器绘制的方法。应特别注意，铁器的高光和金色金属的高光是有区别的。铁器的高光是白色，而金色金属的高光是亮度和纯度比较高的颜色。在绘制贴图时，要常常在3ds Max中查看贴图赋予模型的效果。绘制贴图就是为了最后赋予模型效果，可以说绘制贴图是一个边画边查看贴图模型的过程。

（8）斧柄贴图绘制。绘制斧柄时要注意体现圆柱体的整体感。物体交接的地方需要把投影绘制出来。在绘制金属时，需要放大以画出质感。绘制红线时需要注意交接正确，不然贴到战斧上会出现问题。除此之外，还要绘制出线的柔软特性，最后绘制出来的效果如图3-64所示。

注：通过斧柄贴图的绘制，我们可以学习金属、木头和软线的绘制方法。我们应特别注意木头的质感、线的柔软特性和金属的高光的表现方法。

（9）斧尾贴图绘制。

①使用很细的笔尖绘制斧尾的结构，并绘制斧尾明暗关系。框选金色金属区域，并填充一种黄色，以表现出金色金属的明暗关系。金色金属要特别加强其立体感。

②绘制斧尾的细痕。细小物体的绘制也不能忽略。小物体处理得不好会影响最终的效果。一般可以在受光部分添加暖色，暗部添加冷色，并放大细小的部分以方便绘制细节划痕，最终绘制出来的效果如图 3-65 所示。

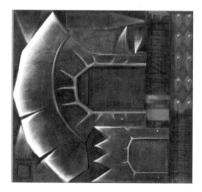 

图 3-64　斧柄贴图绘制　　　　　　　　　图 3-65　斧尾贴图绘制

（10）最后还要加强贴图整体的明暗对比度，增加细节清晰度，给物体叠加纹理，以使模型更加真实。对于纹理部分的处理，我们可以从网络上查找相应的纹理照片，也可以使用 Photoshop 软件制作纹理。如果要表现战斧锋利，就不需要叠加纹理。这样处理看起来材质丰富，又能表现得真实、自然。注意，叠加纹理不能代替细节的绘制。叠加纹理只是为了使模型看起来更自然，细节部分还是要自己绘制（图 3-66）。

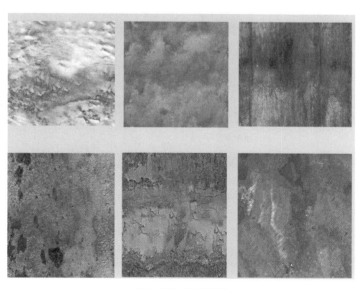

图 3-66　叠加纹理

（11）绘制完成的贴图和叠加纹理的最终效果如图 3-67 所示。

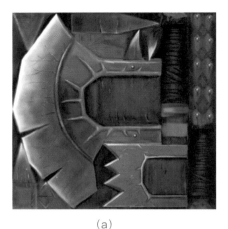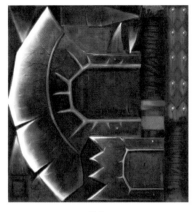

(a)　　　　　　　　　　　　　　(b)

图 3-67　绘制完成的贴图和叠加纹理的最终效果

小结：贴图绘制是游戏道具制作过程中最重要的一个环节。业内有一个共识，即"三分建模，七分贴图"，甚至是"二分建模，八分贴图"，这充分体现了贴图的重要性。因为低模模型的面数有很大的限制，所以细节基本上都是通过贴图表现出来的。在绘制模型贴图时要注意明暗关系以及立体感的表现，把握铁器、金属、木头、软线的绘制质感，最后为物体叠加纹理。

进入 3ds Max 将绘制的贴图赋予战斧模型，在【自发光】选项栏中设置【颜色】为 80 即可，创建天光和摄像机并调整好位置，注意激活透视图，按【Shift】+【F】快捷键显示渲染安全框，如图 3-68 所示。

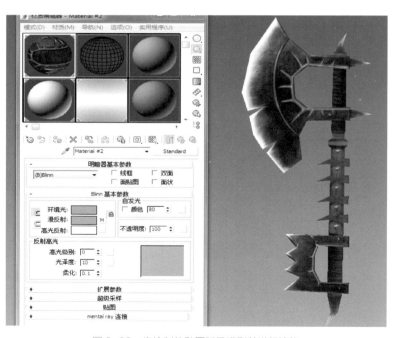

图 3-68　将绘制的贴图赋予模型并进行渲染

至此，整个战斧模型就制作完成了。战斧模型的最终效果如图 3-69 所示。

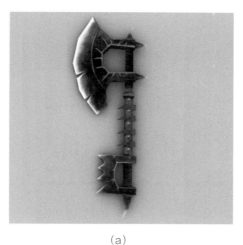
(a)

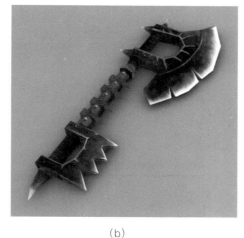
(b)

图 3-69　战斧模型的最终效果

从图 3-69 中可以看出，很多细节部分都是靠贴图的绘制来实现的，那么怎样判断一张贴图是否优秀呢？优秀的贴图应该满足以下几点。

①模型省面，正确的光滑组。

②模型比例与细节问题处理得当。

③注意把握整体光感，贴图有层次，明暗关系丰富。

④充分利用每一个像素，强调细节。

⑤笔触痕迹过渡自然，质感、立体感表现优秀。

本 / 章 / 小 / 结

本章详细讲解了战斧模型的制作过程。该制作过程包括战斧模型的创建、战斧模型的 UVW 展开和战斧模型的贴图绘制。我们应掌握战斧模型的制作过程和制作过程中应注意的事项。

扫码看"宝箱模型制作"视频

第四章

宝箱模型制作

第一节　宝箱模型的创建

一、宝箱主体建模

（1）新建文件，命名为"宝箱"，打开 JPG 格式的参考图片，设置【看图窗口使用习惯】为【看图窗口总位于所有窗口最前面】，如图 4-1 所示。运行 3ds Max 2015，将参考图片放置在左上角作为制图参照。在【左视图】下用【圆柱体】命令创建一个边数为 12 的圆柱体，在【层次】命令面板中，对圆柱体的轴进行调整，先点击 仅影响轴 ，再点击 居中到对象 ，对轴进行居中调整后，再次点击 仅影响轴 ，取消后续操作对轴的影响，如图 4-2 所示。

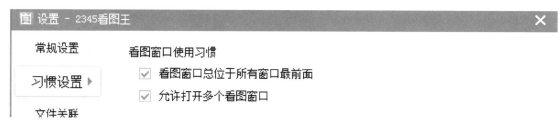

图 4-1　设置【看图窗口使用习惯】

（2）在【透视图】下，选择圆柱体，单击鼠标右键，选择【转换为】→【转换为可编辑多边形】，按数字键【2】，进入【边】的编辑。框选纵向线条，单击鼠标右键，选择【连接】 连接 □ 命令，设置分段为 2，如图 4-3 所示。按数字键【1】，进入【顶点】 ■ 子层级，选择左右两侧的四个顶点，单击鼠标右键，选择【连接】 连接 命令，如图 4-4 所示。按数字键【4】，进入【多边形】 ■ 子层级，在【左视图】下，框选底部多边形后删除，如图 4-5 所示。

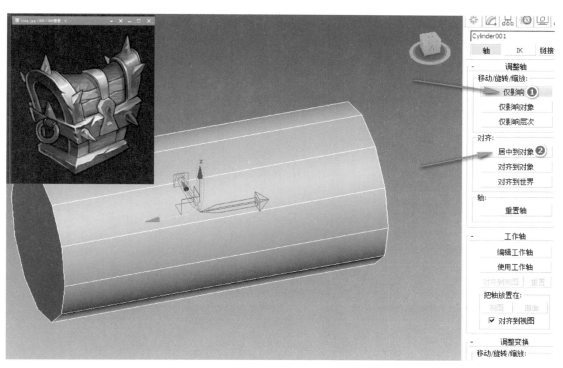

图 4-2 将轴居中到对象

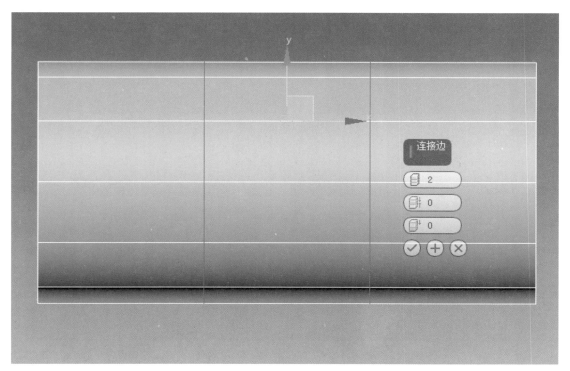

图 4-3 进行边的分段

（3）在【前视图】下，按数字键【1】，进入【顶点】 子层级，框选中间的顶点，向下移动。在【顶视图】下，框选中间的顶点，单击【选择并均匀缩放】 按钮，在 Y 轴上整体均匀收缩，如图 4-6 所示。在【左视图】下，框选左右两侧顶点，在 X 轴上向外移动，如图 4-7 所示。

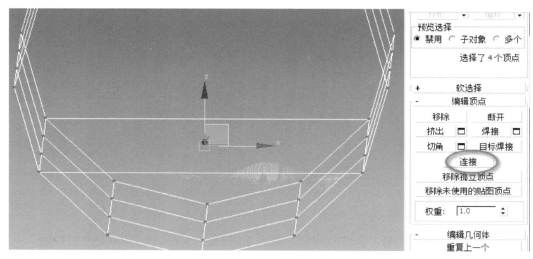

图 4-4　连接左右两侧的四个顶点

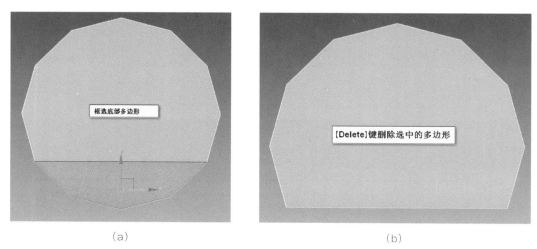

（a）　　　　　　　　　　　　　　　　　　　　（b）

图 4-5　删除底部多边形

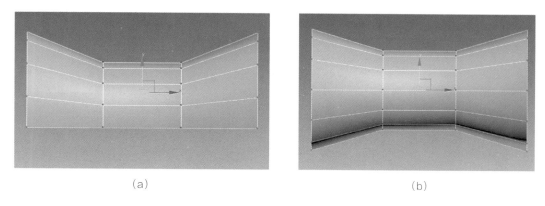

（a）　　　　　　　　　　　　　　　　　　　　（b）

图 4-6　对中间顶点进行调整

（4）在【透视图】下，按数字键【2】，进入【边】 ◢ 子层级，框选中间部分的线段，进行分段，分段数为1。按数字键【4】，进入【多边形】 ■ 子层级，框选右半边并删除，如图4-8所示。点击【镜像】 ◣◢ 按钮，选择【实例】克隆出右半边，如图4-9所示。

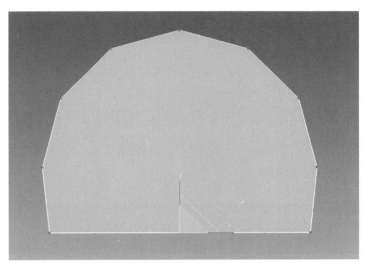

图 4-7　在 X 轴上对两侧顶点进行缩放

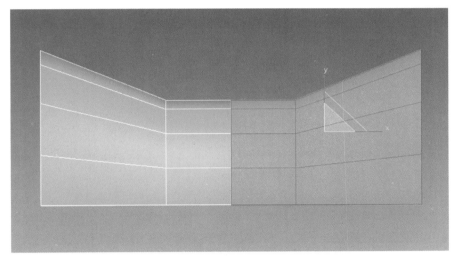

图 4-8　新增线段并删除右半边

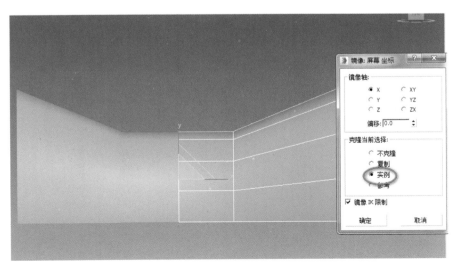

图 4-9　实例克隆出右半边

（5）按数字键【2】，进入【边】 ☑ 子层级，框选左侧斜边进行线段连接，如图 4-10 所示。按数字键【4】，进入【多边形】▣ 子层级，框选左侧多边形，选择局部法线，执行【挤出】 挤出 ▢ 操作，如图 4-11 所示。对左侧的点进行【移动】和【旋转】调整，使之接近参考图中的宝箱造型，如图 4-12 所示。按数字键【4】，进入【多边形】子层级，点选宝箱盖侧面多边形，适度放大，如图 4-13 所示。选择宝箱盖侧面外环部分，进行挤出操作，并删除底部多出来的面，如图 4-14 所示。选中侧面所有挤出后产生的新的边，如图 4-15 所示，单击鼠标右键，选择【塌陷】 塌陷 命令，如图 4-16 所示。

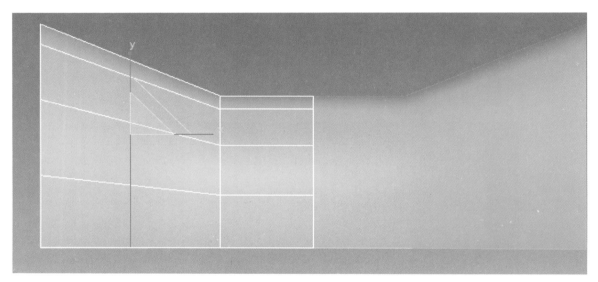

图 4-10　进行线段连接

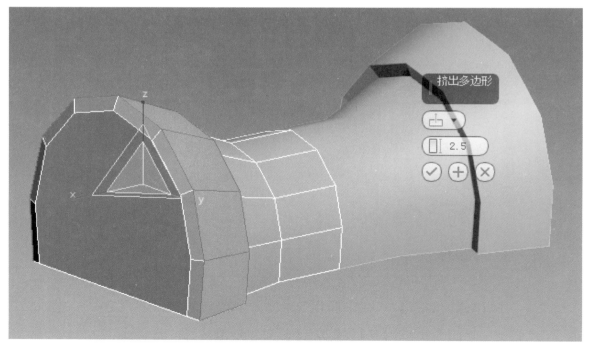

图 4-11　选择局部法线进行挤出操作

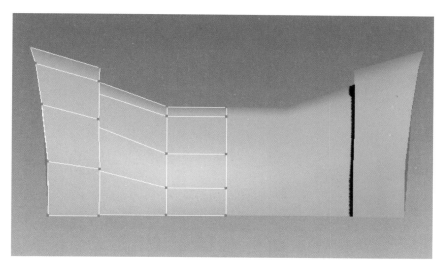

图 4-12　对左侧的点进行调整

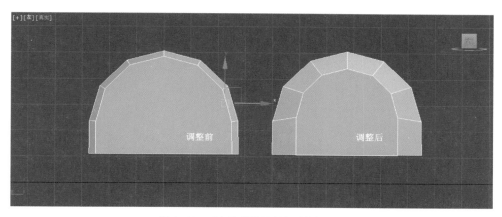

图 4-13　对宝箱盖侧面多边形进行调整

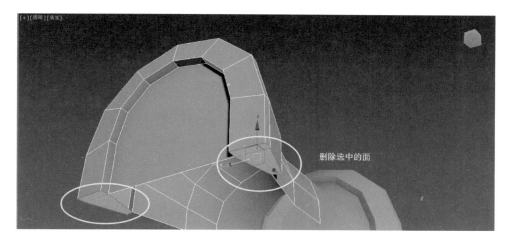

图 4-14　挤出侧边，并删除底部多出来的面

（6）点击红线标示的两条边，进行连接，找到底部边的中点，如图 4-17 所示。点选中间的连线，按键盘上的【Backspace】键进行删除，点击底部中点和正上方的点，执行【连接】 _____ 命令，如图 4-18 所示。按【Backspace】键删除多余的顶点，如图 4-19 所示。

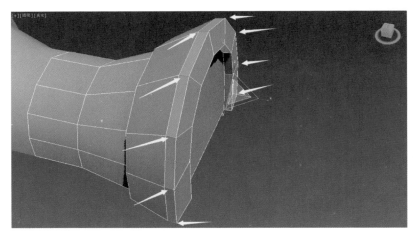

图 4-15　选中所有有箭头标识的边

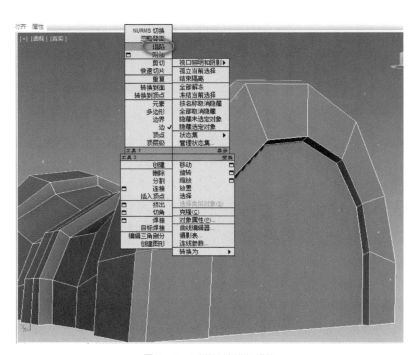

图 4-16　对所选边进行塌陷

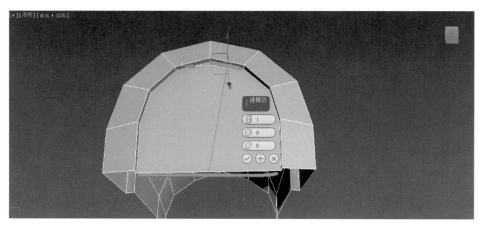

图 4-17　对红线标示的两条边进行连接

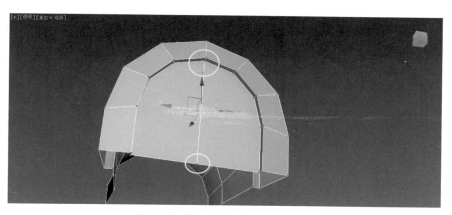

图 4-18　连接底部中点和正上方的点

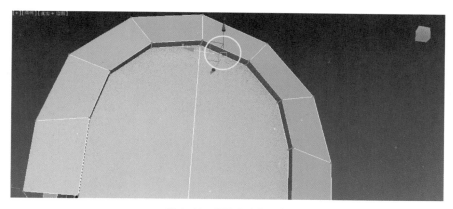

图 4-19　删除多余的顶点

（7）在【顶视图】下，用【长方体】 长方体 命令构建一个长方体，将长方体转换为可编辑多边形，按数字键【4】，进入【多边形】的编辑。选中顶面，进行【倒角】 倒角 □ 操作，如图 4-20 所示。再选中底面，进行【缩放】操作，使其边缘方向与宝箱盖边缘一致，如图 4-21 所示。将长方体向下分别复制两次，并整体缩小，使其符合宝箱整体上大下小的比例，如图 4-22 所示。选中中间箱体部分的顶面，并删除，如图 4-23 所示。按数字键【1】，进入【顶点】 :: 子层级，选中顶点并向上移动，完成箱体中段的制作，如图 4-24 所示。

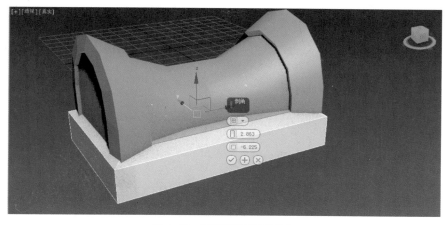

图 4-20　对顶面进行倒角操作

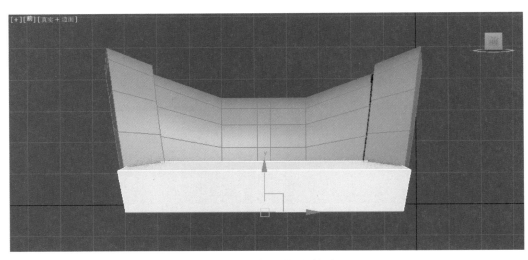

图 4-21　对底面进行缩放操作

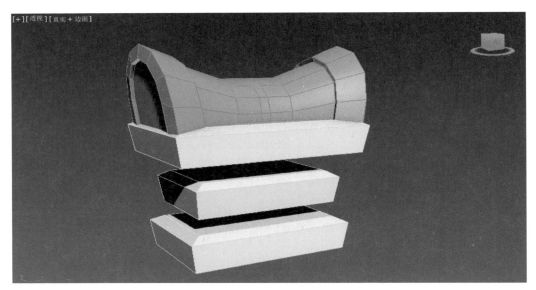

图 4-22　制作宝箱箱底

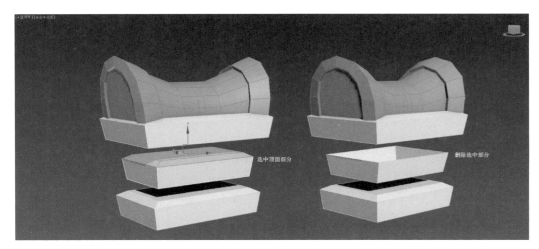

图 4-23　删除中间箱体部分的顶面

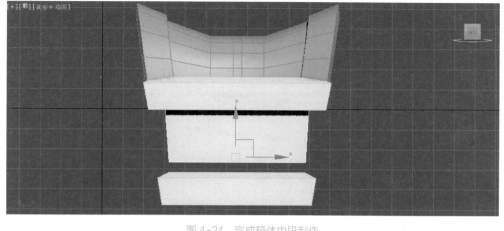

图 4-24　完成箱体中段制作

（8）在【透视图】下，点选宝箱盖，向下复制一个多边形，如图 4-25 所示。将所复制出来的多边形的轴进行居中处理，如图 4-26 所示。将多边形移动到宝箱中段的转角处，并分别向上、向下进行拉伸，完成后复制到另外三个转角处，如图 4-27 所示。

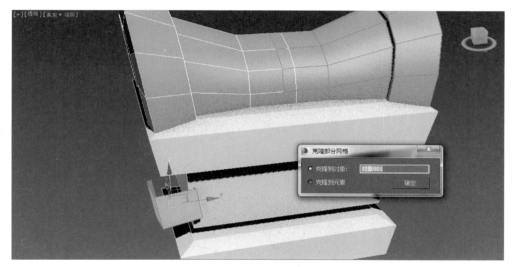

图 4-25　复制多边形

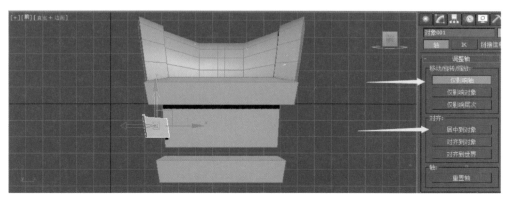

图 4-26　对齐轴心

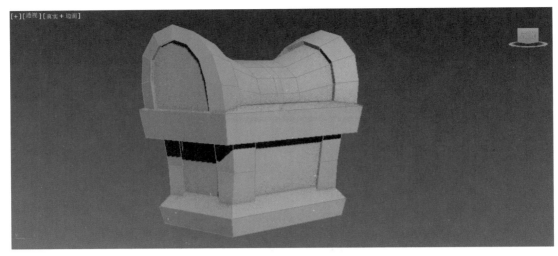

图 4-27 调整多边形的高度，并复制到其余三个转角处

二、拉环扣和拉环模型建模

（1）拉环和建模。

①在【透视图】下，创建圆柱体 圆柱体 ，边数为 8，大小如图 4-28 所示。

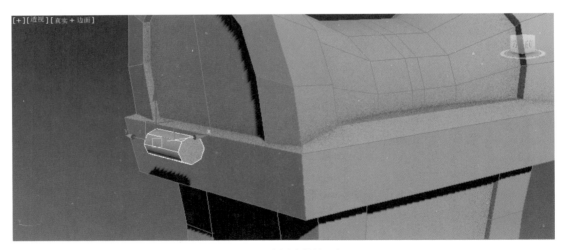

图 4-28 创建宝箱拉环扣

②将圆柱体转换成可编辑多边形，按数字键【2】，进入【边】☑ 子层级，框选纵向的边进行连接，分段数为 2，并向外收缩，如图 4-29 所示。

③按数字键【4】，进入【多边形】■ 子层级，框选左右两侧的多边形，执行局部法线挤压操作，如图 4-30 所示。

④对还在选择中的多边形进行【缩放】操作，如图 4-31 所示。

（2）拉环建模。

在【左视图】下创建圆环 圆环 ，分段为 10，边数为 6，设置半径小于拉环扣即可，移动到拉环扣处，如图 4-32 所示。

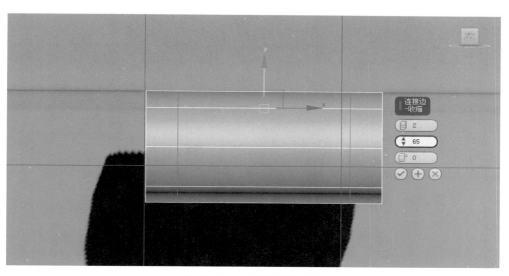

图 4-29　对拉环扣进行分段

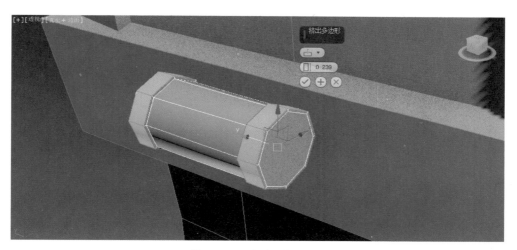

图 4-30　局部法线挤压操作

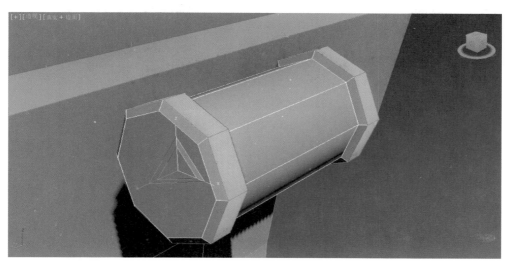

图 4-31　对多边形进行【缩放】操作

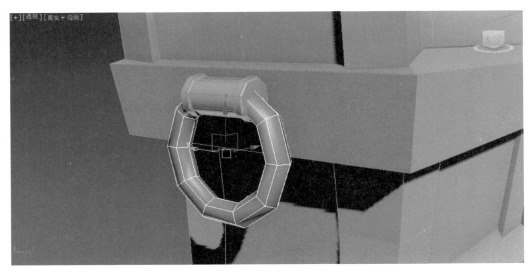

图 4-32　创建拉环

三、尖角和锁孔建模

（1）尖角建模。

①在【透视图】下，用【四棱锥】 四棱锥 命令创建一个四棱锥，将其转化为可编辑多边形后，复制并放置在宝箱的两侧，如图 4-33 所示。

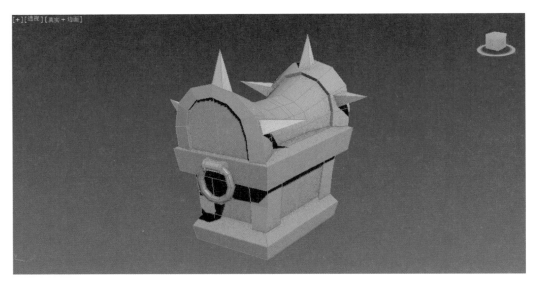

图 4-33　创建宝箱顶部上的尖角装饰物

②用【圆锥体】 圆锥体 创建一个圆锥，分段数为 3，边数为 8，如图 4-34 所示。

③将圆锥体转化为可编辑多边形后，按数字键【1】，进入【顶点】 子层级，在【左视图】下，选择顶点进行旋转，制造出弯曲的效果，如图 4-35 所示。

（2）锁孔建模。

①在【前视图】下，用【平面】 平面 命令创建一个平面，长度分段为 0，宽度分段为 0，居中对齐宝箱，并将其转换为可编辑多边形。对顶尖进行【切角】 切角 □ ，如图 4-36 所示。

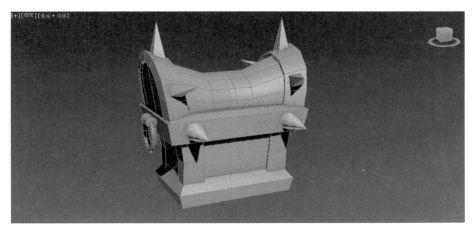

图 4-34　创建宝箱正面的尖角装饰物

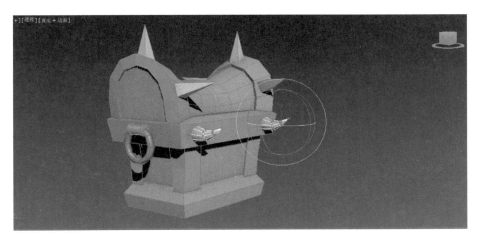

图 4-35　对宝箱正面的尖角装饰物进行角度调整

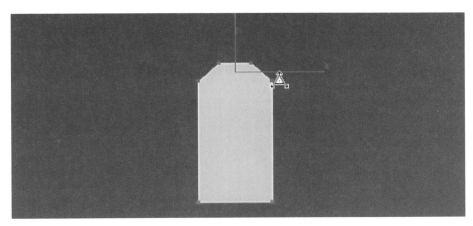

图 4-36　创建平面并切角

②按数字键【2】，进入【边】☑ 子层级，框选侧面的边进行分段，分段数为 3，对边进行调整，如图 4-37 所示。

③按数字键【4】，进入【多边形】▣ 子层级，框选平面，单击鼠标右键，选择【插入】 插入 ▫ 命令，进行插入调整，如图 4-38 所示。

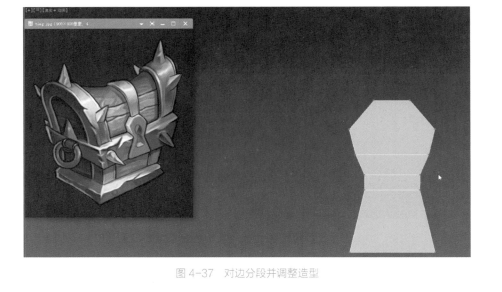

图 4-37　对边分段并调整造型

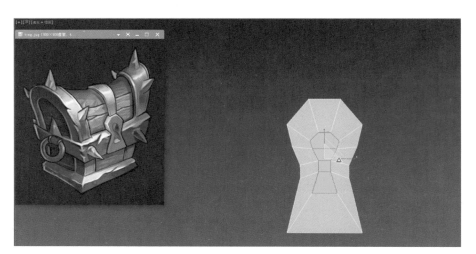

图 4-38　插入并调整锁孔

④删除中间锁孔部分的面，对平面进行【挤出】操作，如图 4-39 所示。

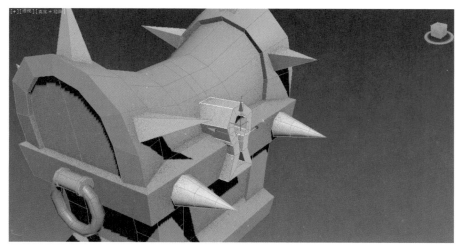

图 4-39　对平面进行【挤出】操作，完成锁孔

四、宝箱模型细节调整

（1）在【透视图】下，框选一侧的宝箱盖，将其删除。点选另一侧的宝箱盖，单击鼠标右键，选择【附加】 命令，将拉环扣、拉环和宝箱中段的几何体与宝箱盖整合，如图 4-40 所示。将整合后的半边宝箱盖在 X 轴上进行实例克隆镜像，如图 4-41 所示。在【修改】面板下，点击【使唯一】命令，将镜像后的半宝箱唯一化，如图 4-42 所示。将左右两边用【附加】命令进行整合。

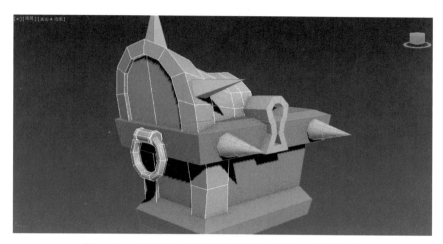

图 4-40　将拉环扣、拉环和宝箱中段的几何体与宝箱盖整合

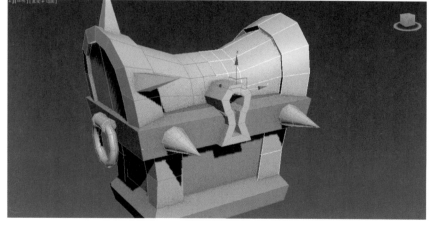

图 4-41　镜像

图 4-42　将镜像后的半宝箱唯一化

（2）在【前视图】下，框选正中的点，单击鼠标右键，选择【焊接】命令，焊接附加后尚未连接的点，如图 4-43 所示。框选中间部分的边，进行【连接】操作，如图 4-44 所示。按数字键【4】，进入【多边形】子层级，选择中间的面，进行【挤出】操作，如图 4-45 所示。

（3）选择宝箱中段部分，点击时间轴下的【孤立当前选择切换】图标，将中段孤立，如图 4-46 所示。选择左侧斜面两条长边，单击【连接】，段数为 1，如图 4-47 所示。使用【切角】工具对连接的边进行切角，如图 4-48 所示。选择切角后产生的面，进行【挤出】操作，如图 4-49 所示。单击鼠标右键，选择【塌陷】命令，对挤出的面进行塌陷，如图 4-50 所示。进入【边】

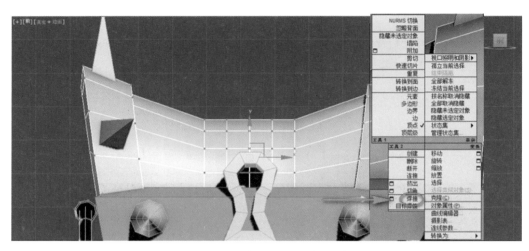

图 4-43 焊接附加后尚未连接的点

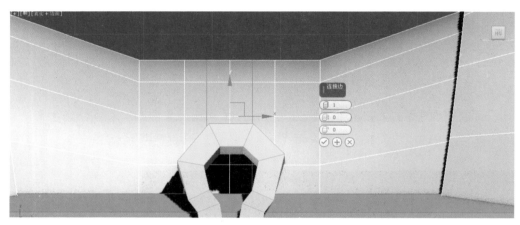

图 4-44 框选中间部分的边,进行【连接】操作

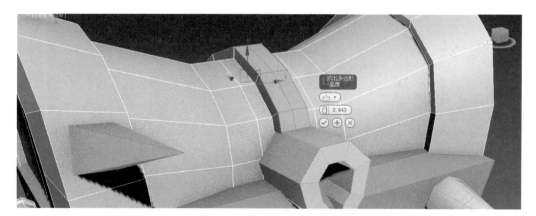

图 4-45 选择中间的面,进行【挤出】操作

　　☑ 子层级,选择长边的中线,使用【焊接】命令连接中点,使四棱锥变为三棱锥,如图 4-51 所示。删除右侧,并实例克隆左侧,如图 4-52 所示。取消【孤立当前选择切换】💡 图标,调整顶点对齐宝箱盖中线,如图 4-53 所示。框选所有模型,附加一个材质球,完成模型构建,保存为"宝箱.max"文件,如图 4-54 所示。

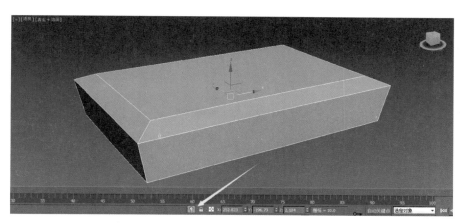

图 4-46　孤立宝箱中段

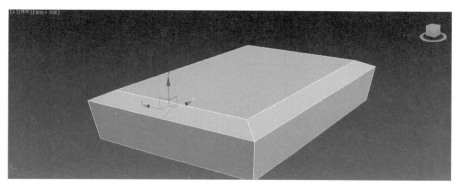

图 4-47　对斜面进行连接

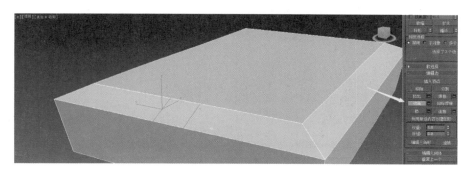

图 4-48　对连接的边进行切角

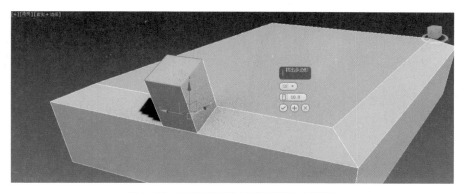

图 4-49　对切角后产生的面进行【挤出】操作

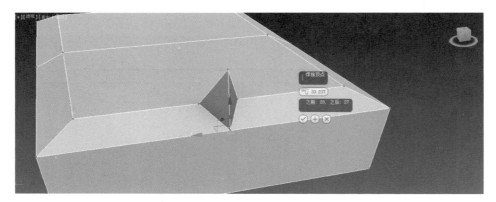

图 4-50　对挤出的面进行塌陷

图 4-51　使用【焊接】命令将四棱锥变为三棱锥

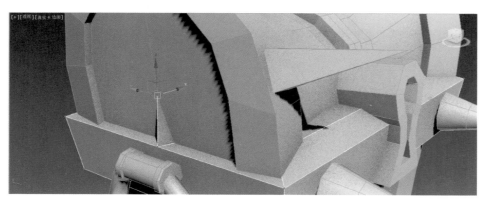

图 4-52　对左侧进行实例克隆

图 4-53　顶点对齐宝箱盖中线

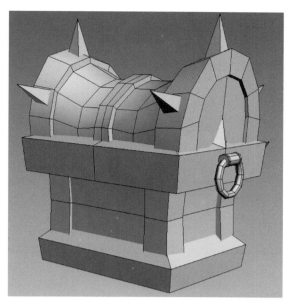

图 4-54　宝箱模型完成

第二节　宝箱模型的 UVW 展开

（1）在【透视图】下，打开保存好的"宝箱.max"文件。框选文件中的所有模型，点击【修改】命令面板，在【修改器列表】的下拉菜单中，点选【UVW 展开】**UVW 展开** 选项，进入【UVW 展开】的参数设置界面，如图 4-55 所示。在【UVW 展开】的下拉菜单中，点击【多边形】，将【忽略背面】功能关闭，如图 4-56 所示。框选模型，点击【打开 UV 编辑器】按钮，打开【编辑 UVW】窗口，点击【快速平面贴图】，如图 4-57 所示。用同样的方法展开宝箱中段和底部。

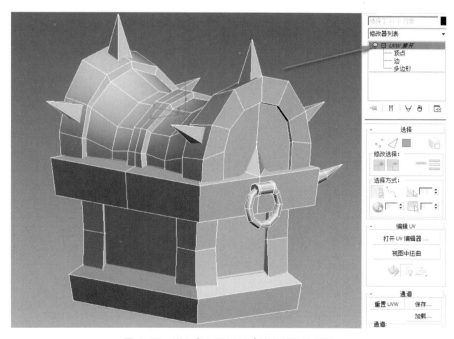

图 4-55　进入【UVW 展开】的参数设置界面

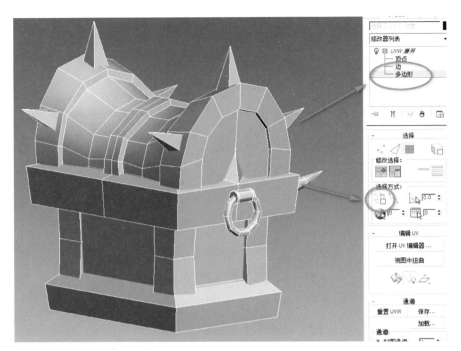

图 4-56　关闭【忽略背面】功能

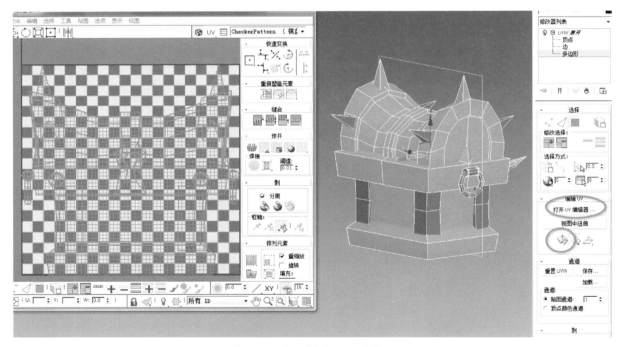

图 4-57　打开【编辑 UVW】窗口

（2）点选宝箱侧面部分的多边形，在【对齐快速平面贴图：与对象的局部 X 垂直】▣ 上使用【快速平面贴图】🧭 展开，如图 4-58 所示。在【编辑 UVW】窗口单击【工具】，选择【松弛 …】→【由多边形角松弛】，如图 4-59 所示。选择宝箱中间的边，在【编辑 UVW】窗口单击【扩大循环 UV】✛ 命令（此处注意，是左侧的 ✛），按【Ctrl】+【B】进行断开处理，如图 4-60 所示。选择宝箱一侧，点击【快速平面贴图】🧭 展开，执行一次【松弛】命令，如图 4-61 所示。

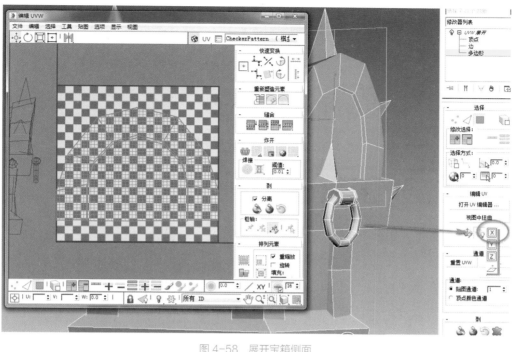

图 4-58　展开宝箱侧面

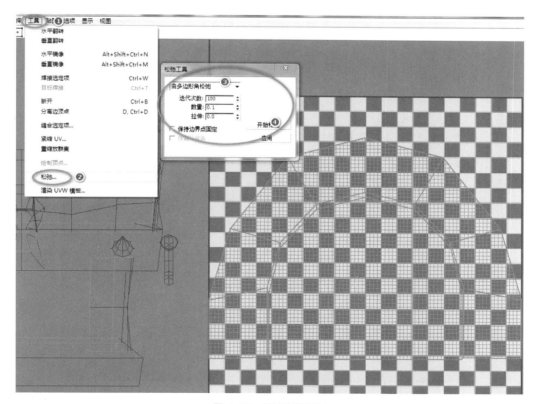

图 4-59　松弛宝箱侧面

（3）选中宝箱正面弯曲的尖角的两侧边，按【Ctrl】+【B】进行断开处理，对左右两侧分别进行展开和松弛操作，如图 4-62 所示。用同样的方法把其他尖角都进行展开和松弛，并摆放到马赛克区域。

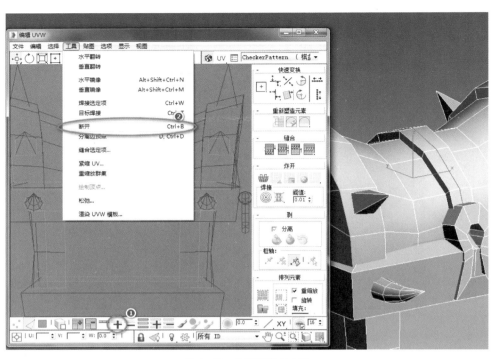

图 4-60　断开宝箱盖中线

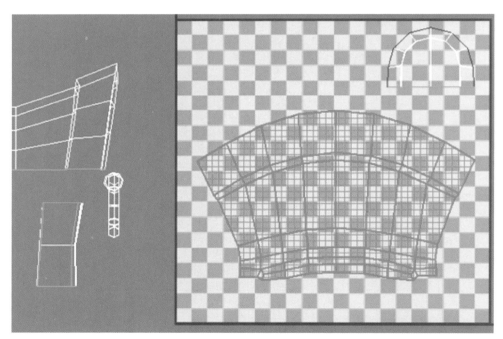

图 4-61　展开和松弛宝箱盖

（4）选中宝箱侧面的拉环的内周边，按【Ctrl】+【B】进行断开处理。选中拉环的截面周长边，按【Ctrl】+【B】进行断开处理，先执行【由边角松弛】命令，再执行【由多边形角松弛】命令，如图 4-63 所示。使用同样的方法展开和松弛另一边的圆环。

（5）选中锁扣正面部分，单击【快速平面贴图】 展开，执行【由多边形角松弛】命令。选中锁扣两侧和背面，用同样的方法进行展开，如图 4-64 所示。

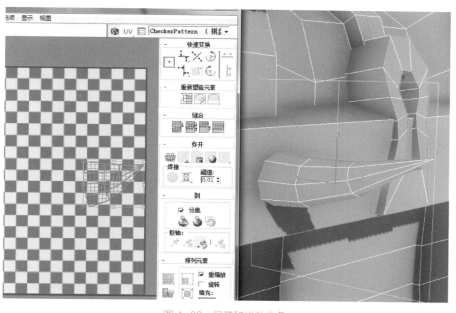

图 4-62　展开和松弛尖角

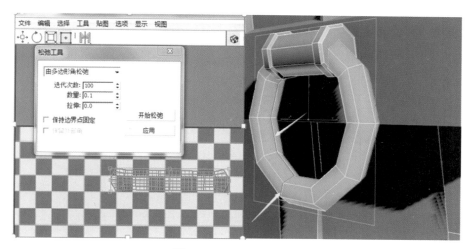

图 4-63　展开和松弛圆环

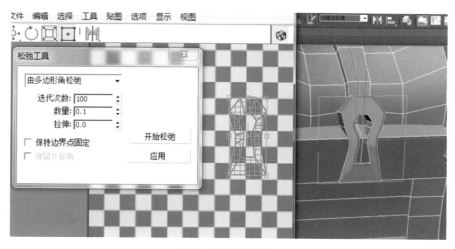

图 4-64　展开锁扣

第三节　宝箱模型的贴图绘制

（1）如图 4-65 所示，将全部模型展开后，打开【编辑 UVW】窗口，点击【工具】，选择【渲染 UVW 模板】 渲染 UVW 模板… ，设置宽度和高度的数值为 4000。设置好后选择【渲染 UV 模板】 渲染 UV 模板 ，弹出【渲染贴图】窗口，点击【保存图像】🖫 按钮，保存类型为 JPG 格式，文件名为"宝箱贴图 .jpg"。

图 4-65　全部模型展开后

（2）打开 Photoshop 软件，点击【文件】→【打开】，导入保存好的"宝箱贴图 .jpg"文件，如图 4-66 所示。绘制贴图后，保存为"宝箱贴图 .psd"文件，如图 4-67 所示。

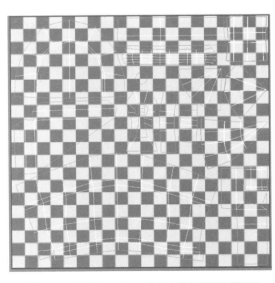

图 4-66　在 Photoshop 软件中导入宝箱贴图文件

图 4-67　绘制宝箱贴图

（3）将"宝箱贴图 .psd"文件直接拖拽到 3ds Max 2015 的模型中，按【F9】进行快速渲染。查看贴图情况，如有问题则返回到 Photoshop 软件中进行修改调整，保存后修改效果将直接反映在 3ds Max 2015 的贴图内，如图 4-68 所示。

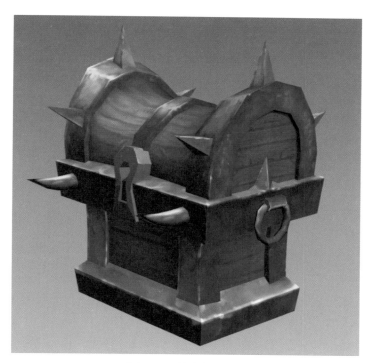

图 4-68　检查渲染效果

本 / 章 / 小 / 结

本章主要介绍了宝箱模型的制作流程，重点介绍了宝箱模型的创建、宝箱模型的 UVW 展开和宝箱模型的贴图绘制，并结合实例讲解了如何使用 Photoshop 软件配合 3ds Max 2015 进行贴图绘制。

第五章
古亭模型制作

第一节　古亭模型的创建

一、古亭顶部建模

（1）新建文件，命名为"古亭"，打开 JPG 格式的参考图片，设置看图窗口使用习惯为【窗口始终最前显示】，如图 5-1 所示。

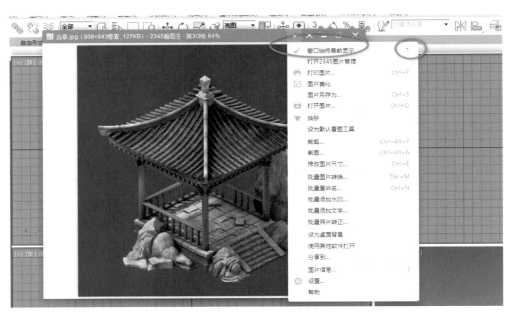

图 5-1　设置看图窗口使用习惯

（2）运行 3ds Max 2015，将参考图片放置在左上角作为制图参照。在【透视图】下用【长方体】长方体 命令制作一个长方体，设置长度和宽度为 5000，高度为 500，并将其转换为可编辑多边形。按数字键【4】，进入【多边形】▣ 子层级，点击长方体的顶面和底面，单击鼠标右键，选择【插入】插入 ▫ 命令，参数设置如图 5-2 所示。

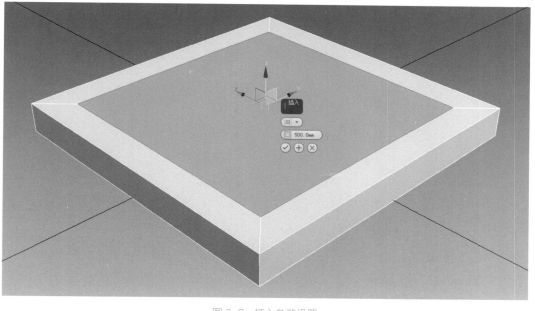

图 5-2 插入参数设置

（3）单击鼠标右键，选择【塌陷】 塌陷 命令，如图 5-3 所示。

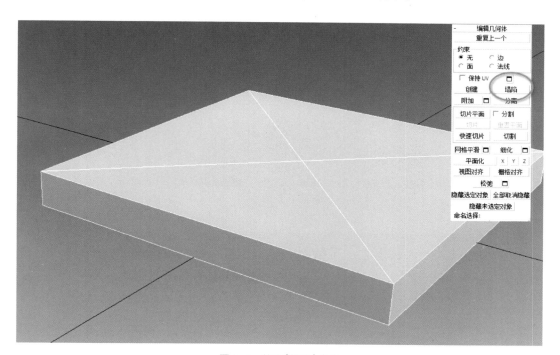

图 5-3 使用【塌陷】命令

（4）按数字键【1】，进入【顶点】 子层级，选择上下两侧的中点，向上移动，如图 5-4 所示。

（5）在【前视图】下，框选顶部四条边线，单击鼠标右键，选择【连接】命令，分段数为 3，如图 5-5 所示。按数字键【1】，进入【顶点】 子层级，选择顶部的顶点进行调整，如图 5-6 所示。选择侧面边线进行分段连接，分段数为 2，收缩值为 50，如图 5-7 所示。选择四个顶点部分的点，进行连接，如图 5-8 所示。对边角的 4 个顶点进行移动，如图 5-9 所示。

图 5-4 拉起顶点

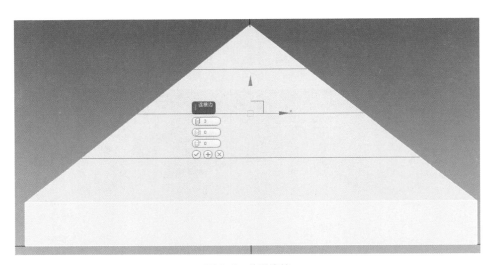

图 5-5 分段连接

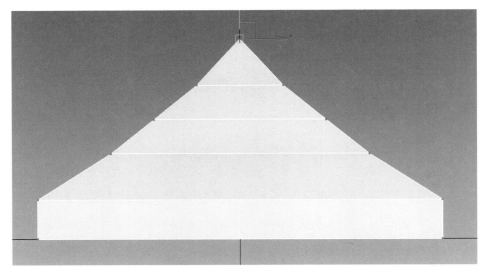

图 5-6 调整顶点

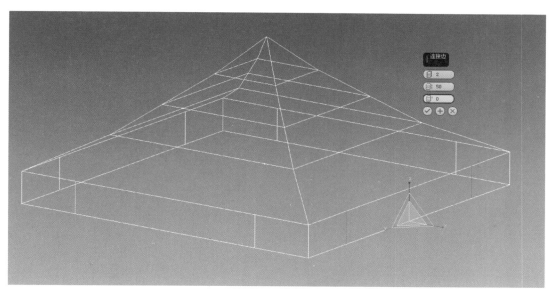

图 5-7 侧面分段

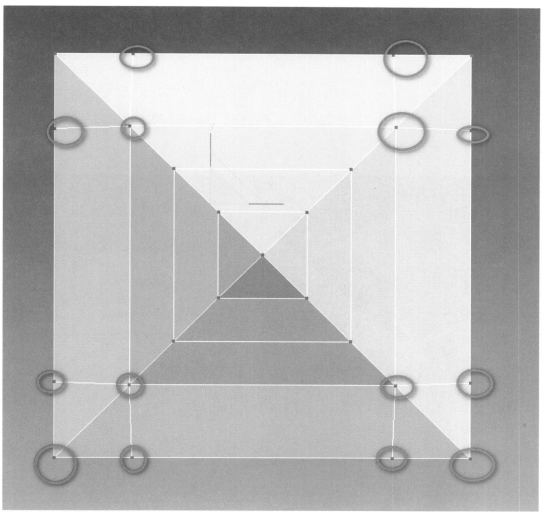

图 5-8 连接顶点

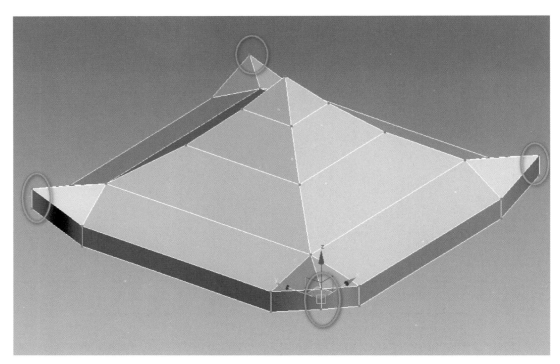

图 5-9　对顶点进行移动

（6）在【透视图】下，按数字键【4】，进入【多边形】▣ 子层级，选择 1/4 的古亭顶部，在【修改】
面板下找到并点击 ＿＿分离＿＿ 图标，如图 5-10 所示。删除其余的部分，选择工具栏中的【角度捕捉
切换】🔺 命令，鼠标右键单击该命令，在弹出的【栅格和捕捉设置】对话框中设置角度为 90°，如
图 5-11 所示。旋转并实例克隆 3 个，如图 5-12 所示。

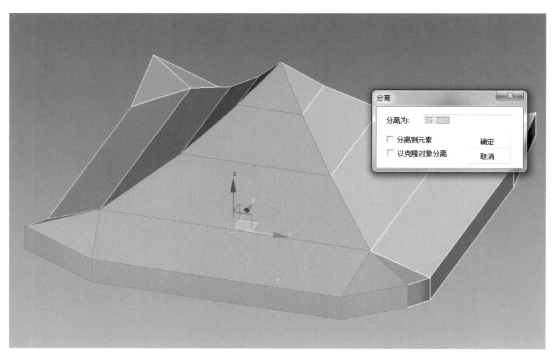

图 5-10　选择并分离

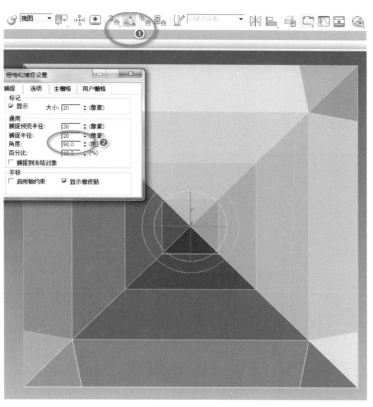

图 5-11　设置角度为 90°

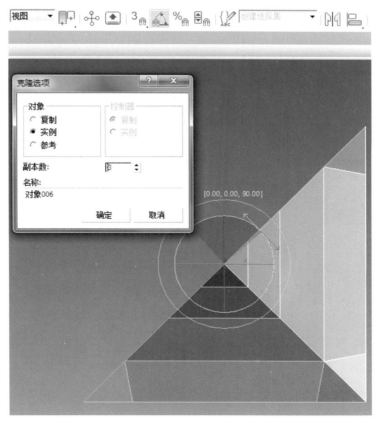

图 5-12　旋转并实例克隆

（7）在【透视图】下，用【长方体】 长方体 命令创建一个长方体，长度为500，宽度为500，高度为600。将其居中对称到亭顶部位。将长方体转换为可编辑多边形，选择纵向的边进行连接分段，分段数为2，收缩值为－40，如图5-13所示。按数字键【4】，进入【多边形】 ▣ 子层级，选择收缩后的中段后，执行【挤出】 挤出 □ →【局部法线】 局部法线 命令，挤出值为100，如图5-14所示。继续向上收缩并挤出，如图5-15所示。

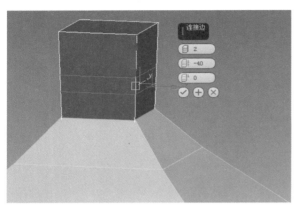

图5-13 创建古亭顶部装饰并分段

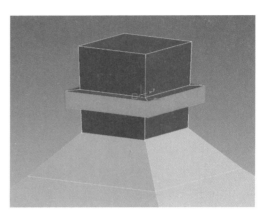

图5-14 局部法线挤出

（8）在【透视图】下，创建【长方体】 长方体 ，长度参照古亭顶部中心对角线，并将其转换为可编辑多边形，在顶部添加边的分段，分段数为3，进入【顶点】 ⁙ 子层级，对顶点进行调整，如图5-16所示。

图5-15 塔尖最终挤出和分段造型

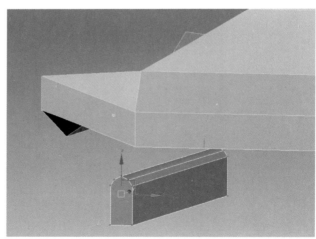

图5-16 新建长方体并设置顶点

（9）实例克隆并旋转45°后，放置在古亭顶部，在原始长方体上添加新的分段，并调整弯曲度，映射到旋转后的长方体，如图5-17所示。将旋转后的长方体附加到古亭顶部，如图5-18所示。

（10）新建圆柱体，边数为6，按照古亭顶部斜面角度旋转，如图5-19所示。点击菜单栏中的【工具】，选择【镜像】 ⋈ 按钮，将圆柱体横向实例镜像，如图5-20所示。把圆柱体转换为可编辑多边形，新增边的连接线，调整圆柱体的弯曲度，使其贴合古亭顶部。以中心线为轴线，选择右侧的圆柱体，并点击【修改】☑ 面板下的【使唯一】✔ 命令，使其变成唯一，然后调整这些圆柱体的高度和长度，如图 5-21 所示。镜像后旋转复制，完成古亭顶部瓦片的制作，如图 5-22 所示。

图 5-17　弯曲长方体

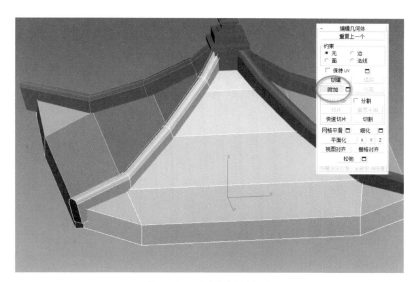

图 5-18　对长方体进行附加

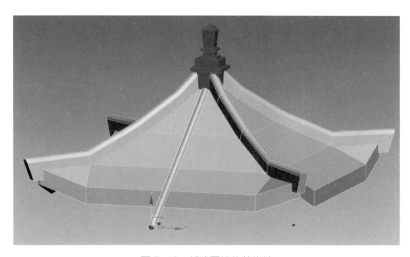

图 5-19　新建圆柱体并旋转

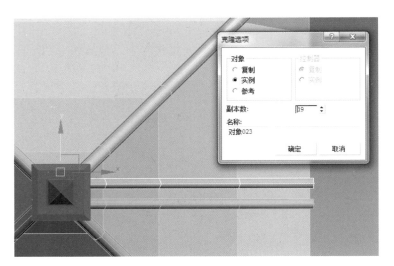

图 5-20　实例镜像

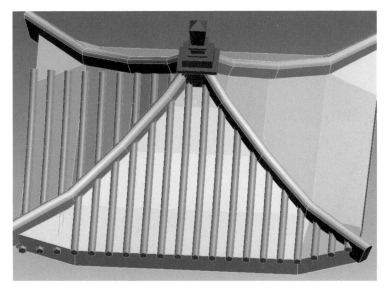

图 5-21　点击【使唯一】命令后调整每根圆柱体的高度和长度

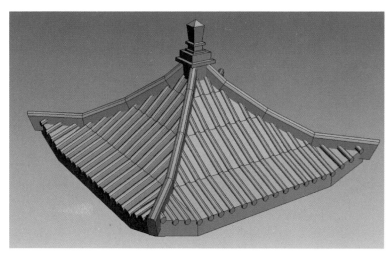

图 5-22　完成瓦片制作

二、古亭基座和栏杆建模

（1）在【透视图】下，用【长方体】 长方体 命令创建扁平长方体作为基座，长度为4000，宽度为4000，厚度为500，并居中对齐到古亭顶部。用【圆柱体】 圆柱体 命令创建圆柱体作为古亭支柱，居中对齐到古亭顶部后，实例克隆并移动到基座四角，如图5-23所示。用【长方体】 长方体 命令创建长方体作为护栏，轴心用【对齐】 工具对齐到支柱，如图5-24所示。用【长方体】 长方体 命令创建护栏的栏杆，如图5-25所示。

图5-23　创建基座

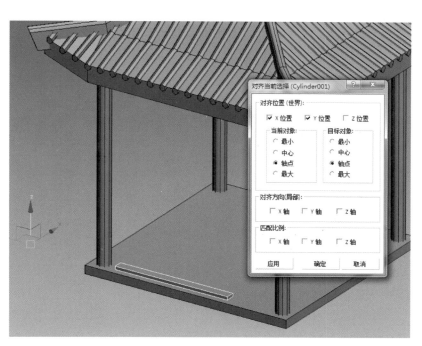

图5-24　创建并对齐护栏

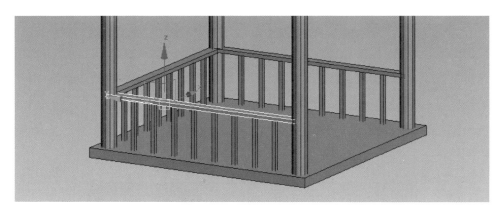

图 5-25　创建栏杆

（2）复制基座长方体，向下复制并收缩，细化基座造型，如图 5-26 所示。复制基座长方体，移动并缩小，制作一级台阶，如图 5-27 所示。激活工具栏中的【捕捉开关】³ 命令，向下实例克隆，如图 5-28 所示。将所有台阶附加为一个整体，在【左视图】下，进入【多边形】▣ 子层级，选择所有的侧面多边形并删除，如图 5-29 所示。复制基座长方体，向下复制并收缩，制作台阶侧面斜坡，如图 5-30 所示。

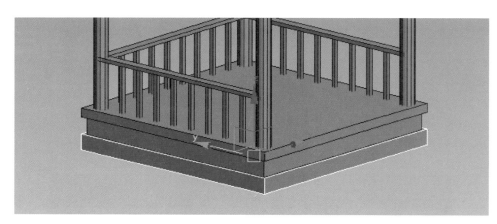

图 5-26　细化基座造型

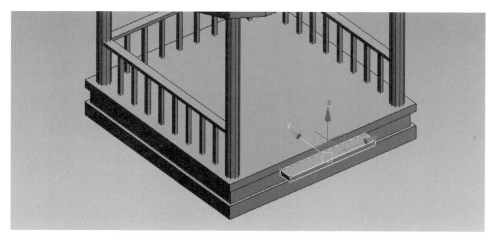

图 5-27　制作一级台阶

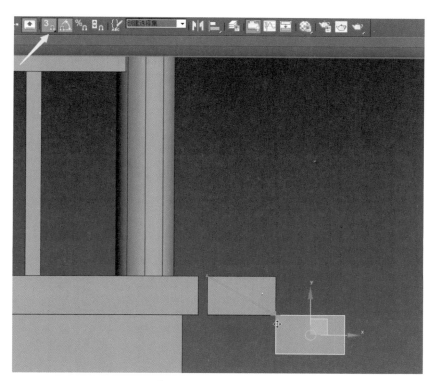

图 5-28　复制台阶

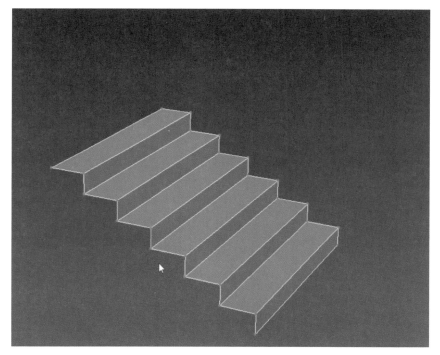

图 5-29　将台阶侧面多边形删除

（3）创建横梁，复制栏杆扶手，向上移动，如图 5-31 所示。拉长后复制到其余三侧完成横梁 1，如图 5-32 所示。点击【图形】 ◙ →【矩形】 ● 矩形 ，进入【渲染】面板，勾选 ☑ 在渲染中启用 和 ☑ 在视口中启用 ，设置长度和宽度为 4000，完成横梁 2，如图 5-33 所示。

图 5-30　制作台阶侧面斜坡

图 5-31　创建横梁

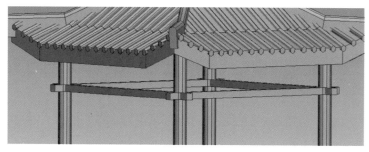

图 5-32　完成横梁 1 的创建

图 5-33　完成横梁 2 的创建

（4）按【Ctrl】+【S】组合键，对当前模型进行保存，保存文件名为"古亭 .max"。

第二节　古亭模型的 UVW 展开

（1）在【透视图】下，打开保存好的"古亭 .max"文件。框选文件中的所有模型，点击【修改】命令面板，在【修改器列表】的下拉菜单中，点选 UVW 展开 图标，进入【UVW 展开】的参数设置界面，将古亭展开，如图 5-34 所示。选中古亭顶部一侧的面，单击鼠标右键，选择【松弛】 松弛 命令，执行【由多边形角松弛】，如图 5-35 所示。点选中间部分的点，分别执行【水平对齐到轴】 和【垂直对齐到轴】 ，如图 5-36 所示。分离古亭顶部的上下两面，缩放后放置于马赛克区域，如图 5-37 所示。用同样的方法展开古亭顶部其他三个面。

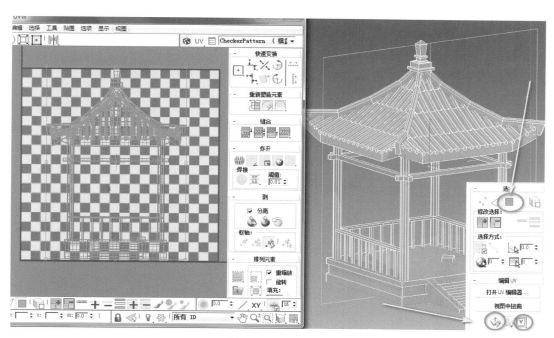

图 5-34　UVW 展开

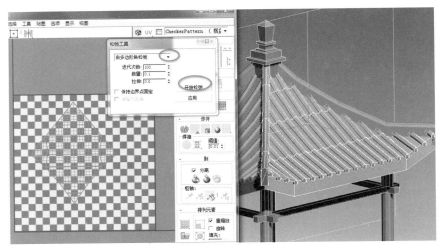

图 5-35　松弛古亭顶部一角

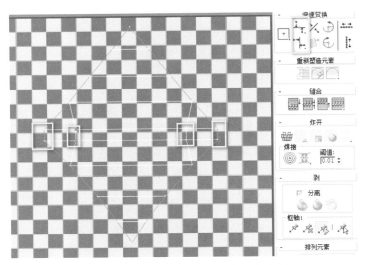

图 5-36　对所选点分别水平和垂直对齐到轴上

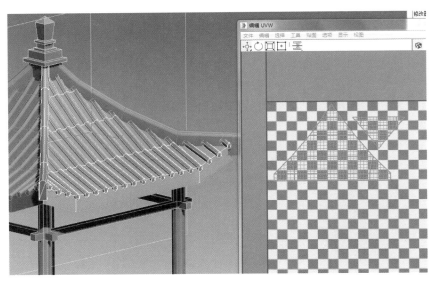

图 5-37　分离古亭顶部的上下两面并缩放

（2）选择台阶斜坡的底部两边，按【Ctrl】+【B】键将其断开，如图 5-38 所示。选中台阶斜面，执行【由多边形角松弛】，如图 5-39 所示。点击【编辑 UVW】窗口左下角的 按钮，关闭【按元素 UV 切换选择】功能，选择斜坡一侧，在【编辑 UVW】窗口下点击 进行镜像，如图 5-40 所示，将其放置在马赛克区域，如图 5-41 所示。用同样的方法将古亭中所有的多边形进行展开，如图 5-42 所示。

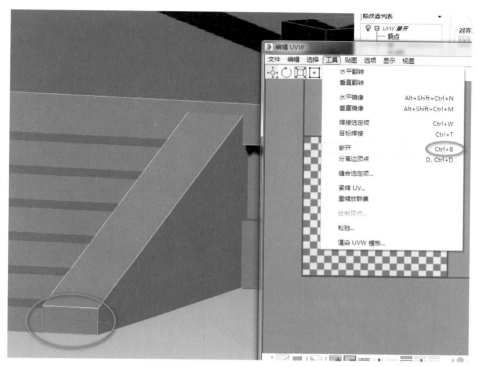

图 5-38　断开台阶斜坡的底部边线

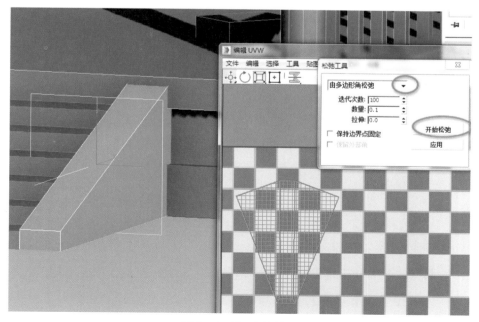

图 5-39　展开台阶斜面

140

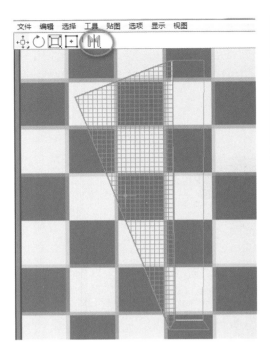

图 5-40　镜像斜坡侧面

图 5-41　放置在马赛克区域

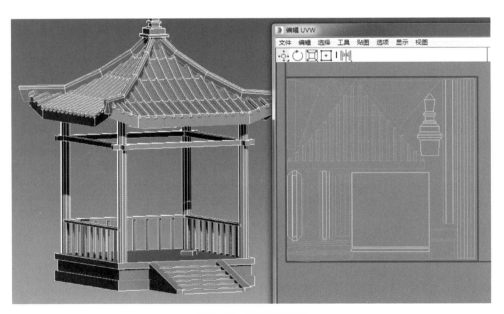

图 5-42　古亭展开样板

第三节　古亭模型的贴图绘制

（1）将全部模型展开后，单击【打开 UV 编辑器】，在弹出的【编辑 UVW】窗口中点击【工具】，选择 渲染 UVW 模板… ，在弹出的【渲染 UVs】对话框中设置【宽度】和【高度】为 4000。设置好后点击 渲染 UV 模板 ，弹出【渲染贴图】窗口，保存类型为 JPG 格式，文件名为"古亭贴图 .jpg"。在 Photoshop 软件中打开贴图文件，如图 5-43 所示。

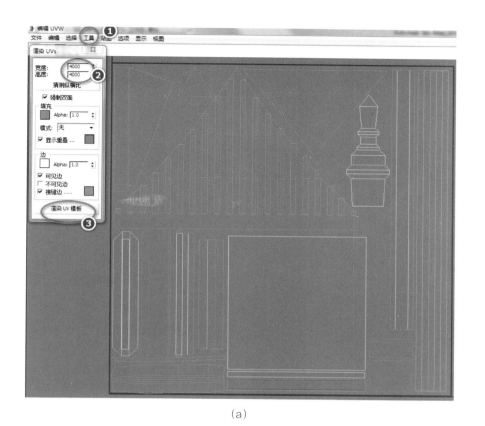

(a)

(b)

图 5-43　在 Photoshop 软件中打开贴图文件

（2）打开附带的"古亭贴图"文件，将材质分别附加在相应的位置，如图 5-44 所示。

（3）将附加好材质的贴图文件保存为 PSD 格式文件，并将该文件直接拖拽到 3ds Max 2015 里的模型中，按【F9】进行快速渲染，查看贴图情况，如有问题则返回到 Photoshop 软件中进行修改调整，保存后修改效果将直接反映在 3ds Max 2015 的贴图内，如图 5-45 所示。

图 5-44　附加材质

图 5-45　检查渲染效果

本 / 章 / 小 / 结

　　本章重点介绍了古亭模型的制作过程。在制作过程中，我们应活学活用，针对不同风格的模型采用不同的制作方法。希望读者能够掌握三维模型的制作过程，并能从简单模型的制作中领悟到复杂模型的制作要点。

扫码看 更多学生优秀作品

第六章
优秀学生作品赏析

图 6-1　优秀作品 1（学生姓名：陈琪琪）

图 6-2　优秀作品 2（学生姓名：邓嘉玲）

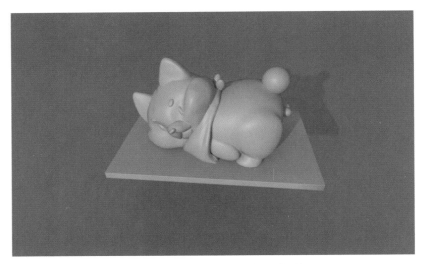

图 6-3　优秀作品 3（学生姓名：冯钦雄）

图 6-4　优秀作品 4（学生姓名：揭宇）

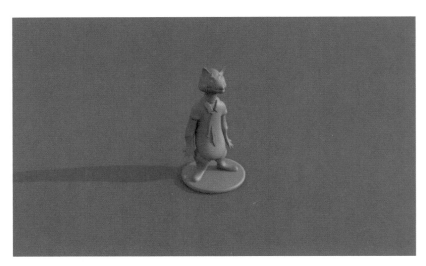

图 6-5　优秀作品 5（学生姓名：赖楚新）

图 6-6　优秀作品 6（学生姓名：刘汉邦）

图 6-7　优秀作品 7（学生姓名：陆洁钰）

图 6-8　优秀作品 8（学生姓名：王泽宇）

图 6-9　优秀作品 9（学生姓名：杨婷）

图 6-10　优秀作品 10（学生姓名：谭祖荣）

图 6-11　优秀作品 11（学生姓名：赵国荣）

图 6-12　优秀作品 12（学生姓名：朱豆豆）

图 6-13　优秀作品 13（学生姓名：谢逸天）

图 6-14　优秀作品 14（学生姓名：吴岱纯）

图 6-15　优秀作品 15（学生姓名：黄俊铭）

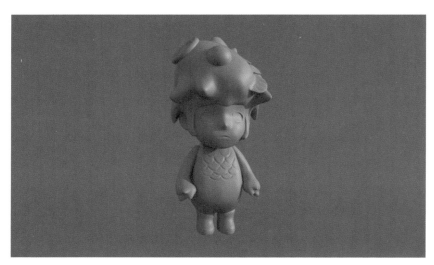

图 6-16　优秀作品 16（学生姓名：许欣怡）

图 6-17　优秀作品 17（学生姓名：黄泽豪）

图 6-18　优秀作品 18（学生姓名：卢海青）

图 6-19　优秀作品 19（学生姓名：罗芊）

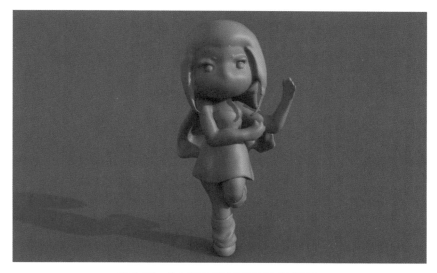

图 6-20　优秀作品 20（学生姓名：薛颖怡）

图 6-21　优秀作品 21（学生姓名：杨彬彬）

图 6-22　优秀作品 22（学生姓名：刘莊煜）

图 6-23　优秀作品 23（学生姓名：陈培源）

图 6-24 优秀作品 24（学生姓名：梁悦熙）

图 6-25 优秀作品 25（学生姓名：林锐民）

图 6-26 优秀作品 26（学生姓名：黄华辉）

参考文献
References

[1] 张凡 .3ds Max+Photoshop 游戏场景设计 [M]. 北京：机械工业出版社，2018.

[2] 周晓成 .3ds Max 软件基础教程 [M]. 上海：上海交通大学出版社，2017.

[3] 孙启善，王玉梅 .3ds Max\VRay 全套家装效果图完美空间表现 [M]. 北京：北京希望电子出版社，2014.

[4] 王同兴，唐衍武，彭超 . 三维动画模型 [M]. 北京：京华出版社，2010.

[5] 李瑞森，杨明，杨建军 .3ds Max 动漫游戏角色设计 [M]. 北京：人民邮电出版社，2015.